基于盲源分离的结构模态参数识别与损伤诊断

韦灼彬　高屹　曹军宏　吴森　著

国防工业出版社
·北京·

内 容 简 介

本书以大型复杂结构健康监测技术研究为背景，以钢结构平台为研究对象，主要对基于盲源分离技术的结构振动信号分析处理进行了比较深入的研究。重点阐述了结构振动响应的信噪分离、基于二阶统计量的盲源分离算法中的时延优化选择、可识别复模态参数的扩展型二阶盲辨识算法以及基于盲源分离特征提取的损伤识别方法。

本书可供从事结构健康监测研究的技术人员阅读，也可作为土木工程、船舶与海洋工程学科专业教师与研究生的参考用书。

图书在版编目（CIP）数据

基于盲源分离的结构模态参数识别与损伤诊断/韦灼彬等著．—北京：国防工业出版社，2019.9

ISBN 978-7-118-11938-1

Ⅰ.①基…　Ⅱ.①韦…　Ⅲ.①结构振动—信号分析—研究　Ⅳ.①O327

中国版本图书馆 CIP 数据核字（2019）第 176009 号

※

国防工业出版社出版发行

（北京市海淀区紫竹院南路 23 号　邮政编码 100048）

三河市众誉天成印务有限公司印刷

新华书店经售

*

开本 710×1000　1/16　**印张** 8½　**字数** 135 千字

2019 年 9 月第 1 版第 1 次印刷　**印数** 1—1500 册　**定价** 72.00 元

国防书店：（010）88540777　　发行邮购：（010）88540776

发行传真：（010）88540755　　发行业务：（010）88540717

前言

盲源分离(Blind Source Separation,BSS)是近年发展起来的一种有效的信号处理新技术,它是人工神经网络、统计信号处理、信息理论相结合的产物。BSS 技术的最大优势在于,在信号传输通道未知且仅有少量源信号先验知识的情况下,能够把多个源信号从测量信号中分离出来,所以 BSS 技术在解决信号传输通道复杂或源信号先验知识未知的情况时显示出了强大的生命力。

本书研究将 BSS 技术引入到结构振动信号处理中,利用 BSS 的统计特性对测量信号进行信噪分离、结构模态参数识别、特征提取以及结构损伤诊断。主要工作包括以下几个方面:

(1) 阐述了 BSS 算法的发展历史、研究现状以及存在问题。一是从总体上概括了 BSS 的基本理论与方法、基于 BSS 假设条件和固有的两个不确定性描述了 BSS 模型,简要介绍了 BSS 涉及的数学基础知识和预处理方法,讨论了 BSS 的两个核心部分,即目标函数和优化算法。二是从信息论和统计理论上介绍了常用的各种目标函数。将优化算法概括为三种类型:每次迭代利用全部样本数据的批处理算法;随着数据采集进程不断自动更新处理的自适应算法;每次只提取一个“感兴趣”成分的逐层分离法。

(2) 鉴于在实际工程结构振动中,测量信号中掺杂的噪声往往来自独立于有用信号的干扰振动源,因而把这种噪声看作一个独立的源信号进行 BSS 是可行的。本书针对脉冲和正弦两种源信号的结构混合振动响应,分别采用快速独立分量分析(FastICA)和二阶盲辨识(SOBI)算法从混合信号中将有用信号分离出来,从而实现了信噪分离。

(3) 鉴于在基于时间结构的 BSS 算法中,时延的选择对算法的计算复杂度和最后的信号盲分离效果都有着较大的影响,传统的选择方法一般是直接采用前面几个最小的自然数,但是这样做并不能总是取得很好的效果。针对基于信号时间结构的 BSS 算法中时延选择问题,提出了一种基于量子遗传算法(QGA)的时延自适应优化选择方法。首先采用量子编码来表征染色体,量子坍塌的随机观察结果与时延相结合形成种群;然后对若干时延二阶相关矩阵同时近似对角化,利用分离信号的负熵构造适应度函数;最后通过量子旋转门算子来实现染色体的演化更新,从而实现时延的优化组合。

(4)针对普通 BSS 算法不能识别复模态参数的不足,提出了基于非对称非正交联合近似对角化的扩展型 SOBI 的模态参数识别方法。首先基于复模态理论,应用希尔伯特变换增加虚拟测点,对原信号进行有效的扩阶来构建分析信号;然后白化处理分析信号,对不同时延的二阶协方差矩阵进行非对称非正交联合近似对角化,得到的混合矩阵作为模态振型;最后对单自由度模态响应提取模态频率和阻尼比,从而实现对结构模态参数的识别。

(5)为了提取更敏感的结构损伤特征量,提出了一种基于 BSS 混合矩阵和独立分量统计量的组合特征参数。为了验证该特征量的有效性和适用性,将特征量分别输入到三种状态分类器,即基于量子理论和 L-M 自适应调整策略的改进型量子 BP 神经网络分类器、基于统计学习理论的支持向量机分类器、基于样本协方差矩阵的 Mahalanobis 距离非监督判别法进行了结构损伤识别。

作者课题组开展大型复杂结构健康监测研究形成了本书主要理论,并将理论成果进行了工程应用。研究工作得到了科研项目“大型复杂结构健康监测技术及应用研究”的资金资助,在此表示感谢。

限于作者水平,书中难免存在一些不足,敬请专家和读者批评指正。

作者

2019 年 4 月

主要符号说明

c_1, c_2, c_3, c_4	均值,方差,斜度,峭度
$\boldsymbol{e}, E$	误差向量,误差函数
n_p, n_d, n_g	种群规模,染色体长度,最大进化迭代数
p_c, p_m	交叉概率,变异概率
$\boldsymbol{x}(t), \dot{\boldsymbol{x}}(t), \ddot{\boldsymbol{x}}(t)$	位移向量,速度向量,加速度向量
$\boldsymbol{x}, \boldsymbol{y}, \boldsymbol{s}$	观测信号向量,分离信号向量,源信号向量
$\boldsymbol{x}_0, \boldsymbol{x}_{90}$	原始观测信号,相位平移 90°后的观测信号
$\boldsymbol{s}_0, \boldsymbol{s}_{90}$	原始源信号,相位平移 90°后的源信号
$\boldsymbol{z}, \boldsymbol{Z}$	球化信号向量,球化信号矩阵
$\boldsymbol{q}, q_i(t)$	模态坐标向量,正规坐标
τ, C_τ^x	时延,信号 x 的时延协方差矩阵
$\boldsymbol{C}, \boldsymbol{K}, \boldsymbol{M}$	阻尼矩阵,刚度矩阵,质量矩阵
$\boldsymbol{X}, \boldsymbol{Y}, \boldsymbol{S}$	观测信号矩阵,分离信号矩阵,源信号矩阵
$\boldsymbol{\Phi}, \boldsymbol{\Phi}_0, \boldsymbol{\Phi}_{90}$	振型矩阵,原始振型矩阵,相位平移 90°的振型矩阵
α, β	量子比特状态的复数概率
$\theta, \Delta\theta, U(\theta)$	量子旋转角,量子旋转角增量,量子旋转门
$\xi_i, \omega_i, \varphi_i, \varphi_i$	第 i 阶模态的阻尼比,频率,相位角,振型系数
η	学习率
$w, \Delta w$	连接权值,连接权值的增量
$[\cdot]^{\mathrm{T}}, [\cdot]^{\mathrm{H}}$	矩阵转置,矩阵复共轭转置
AMUSE	多个未知信号抽取的算法

BSS	盲源分离
FOBI	四阶盲辨识
GA,QGA	遗传算法,量子遗传算法
JAD,JADE	联合近似对角化,联合近似对角化算法
ICA,FastICA	独立分量分析,快速独立分量分析
PCA	主成分分析
SOBI	二阶盲辨识
TDSEP	时间解相关盲源分离

目录

第1章 绪论

1.1 概述

盲源分离(Blind Source Separation,BSS)是在源信号与传输通道特性未知的情况下,仅根据源信号的统计特性,从观测信号(混合信号)中提取或恢复源信号的一种有效信号处理新技术。典型的例子是鸡尾酒会问题,即在一个同时存在众多谈话者的环境中,由传声器记录谈话者声音的混合信号,通过BSS技术,分离出每个谈话者或特定的谈话者的声音信号。这里的"盲"有两重含义:第一,源信号是未知的,即不能被观测;第二,源信号的混合方式是未知的,即信号传输通道参数是未知的。显然,当源信号与传输通道参数都未知或比较复杂时,BSS技术是一种很自然的选择。

近20多年来BSS已成为信号处理领域最热门的研究课题之一,其研究内容取得了突飞猛进的进展,已有诸多著作面世[1-7]。BSS技术已在语音识别、图像处理[1]、生物医学信号处理[2]、机械故障检测[3,8-12]、结构模态参数识别[13-15]、结构损伤诊断[16-20]等领域显示出了十分诱人的应用前景。

1.2 本书研究的目的及意义

土木工程结构是国家基础设施的重要组成部分,它们的"健康"状况是人民生命和财产安全的重要保障。随着我国经济建设的高速发展,建筑和交通事业得到了长足的进步。然而土木工程结构在长达几十年甚至上百年的服役期间,由于环境侵蚀、材料老化和荷载的长期效应、疲劳效应与突变效应等因素的耦合作用将不可避免地导致结构的损伤积累和抗力衰减,造成结构抵御各种作用的能力下降。在这种情况下,土木工程基础设施的安全性和可靠性将受到严峻挑战。如果结构的损伤不能被及时发现并得到相应的维修,不仅会影响结构的正常使用,缩短结构的使用寿命,极端情况下甚至会发生结构突然破坏或倒塌的灾难性事故[16,21-26]。

例如,2001 年 11 月 7 日,曾被评为四川十大标志性建筑——号称"亚洲第一拱"的长江上游宜宾市南门大桥的 4 对承重钢缆吊杆突然断裂,导致大桥两端发生坍塌(图 1.1(a))。该桥建成通车至垮塌事故不到 12 年。湖北境内的黄石长江大桥从 1995 年 12 月通车至今,桥梁裂缝众多,已经有非常明显的不可恢复的永久性变形,并且发生船只撞桥事故数十起,桥梁的安全问题令人担忧。1999 年重庆市綦江彩虹大桥突然倒塌造成的悲剧,给重庆留下了惨痛的教训(图 1.1(b))。2000 年宁波市招宝山大桥的意外断裂,使数亿元的投资付诸东流。工程事故在国外也是频繁发生。例如,1994 韩国首尔的圣水大桥中间跨断裂(图 1.1(c))。2001 年葡萄牙发生的垮桥事故造成 70 余人丧生。2004 年法国戴高乐机场屋顶部分坍塌(图 1.1(d))[25]。这一切对工程界产生了极大震动,也使人们对很多工程结构的安全产生了疑问。

(a) 宜宾南门大桥桥面断裂坍塌

(b) 重庆綦江彩虹大桥突然倒塌

(c) 韩国圣水大桥中间跨断裂

(d) 法国戴高乐机场屋顶部分坍塌

图 1.1　发生事故的大型土木工程结构

此外,我国有大部分大型基础设施是在 20 世纪五六十年代建造的,经过多年使用,这些大型基础设施的安全性越来越受到人们的密切关注。例如,湖北省武汉长江大桥使用先后被过往的船只撞击过数十次,桥梁的安全性和剩余寿命令人担忧[21]。

有关资料显示[16,27,28],美国现有大约 60 万座桥梁,其中约有 1/3 的桥梁功能缺失或有结构缺陷,需要进行更新和适当修复,大概需要今后 20 年每年投资 94 亿美元。在英国,据报道也有近 1/3 的桥梁需要修复。在加拿大,为修复桥梁损坏的全部基础设施估计需耗费 5000 亿美元。而日本的新干线使用不到 10 年,就出现了大面积的混凝土开裂和剥蚀,今后用于检测和修复的费用将相当巨大。

我国的工程结构现状也很严峻。目前,国内现有城镇建筑面积已经超过 70 亿 m^2,其中大约 1/2 是在 20 世纪 60 年代以前建成的,它们已进入中老年期,有近 35 亿 m^2 的建筑物有可能出现质量问题,其中近 10 亿 m^2 急需维修加固才能正常使用[29]。从 2000 年度全国桥梁普查资料来看,我国已建成通车的 278809 座桥梁,查出危桥 9597 座。至 2003 年年底,全国公路网中尚有危桥 10443 座。随着我国经济建设的发展,交通流量与日俱增,车辆载重不断提升,基础设施面临的压力将越来越大。

因此,为了保障结构的安全性和可靠性,减少重大经济损失,避免灾难性的事故发生,对在役和新建的土木工程结构采用有效的手段进行健康监测和安全评估,进而提出合理的结构维护与加固措施具有极其重要的现实意义。土木工程结构健康监测系统的研究与发展正是在此基础上应运而生的,目前结构健康监测已经成为土木工程领域的一个重要研究方向,处于土木工程科学研究的前沿。

结构健康监测系统是通过对结构的物理力学性能进行无损监测,实时监控结构的整体行为,对结构的损伤位置和损伤程度进行诊断,对结构的服役情况、可靠性、耐久性和承载能力进行评估,当结构处于突发事件或使用状况出现异常时能够触发预警信号,避免由于突发破坏造成生命财产的重大损失,并为结构的维修、养护与管理决策提供依据和指导。

20 世纪 80 年代以后,随着结构振动测试手段和信号分析技术的提高,许多国家开始在一些已建和在建的大型桥梁、大跨空间结构等复杂结构中设置结构健康监测系统。例如,美国威斯康星州一座已有 65 年历史的提升式桥 Michigan Street 桥,安装了世界上第一套全桥远程监测系统,以监测将达到设计寿命桥梁的裂缝扩展情况和其他状态变化。英国在总长 522m 的 3 跨变高度连续钢箱梁 Foyle 桥上布设传感器，监测大桥运营阶段在车辆与风载作用下主梁的振动、挠度和应变等响应，同时监测环境风和结构温度场，实现了实时监测、实时分析和数据网络共享。此外，还有挪威的 Skamsundet 斜拉桥、丹麦的 Faroe 跨海斜拉桥和 GreatBeltEast 悬索桥、英国的 Flintshire 独塔斜拉桥以及加拿大的 Confederation 桥。我国自 20 世纪 90 年代起也在一些大型重要桥梁上建立了不同规模的结构健康监测系统，如香港的 Lantau Fixied Crossing 桥、青马大桥、汲水门大桥和汀九大桥，内地的芜湖长江大桥、苏通大桥以及湛江海湾大桥等均已安装了信号测量和传输设备，对桥梁运营期间进行实时监测[21,30,31]。

除桥梁结构外，在高层建筑、大跨空间结构、海洋平台等结构上也在研制和安装结构健康监测系统。2002 年年初，美国加利福尼亚理工学院米利肯图书大楼建立了实时监测系统[21]，不同于桥梁或普通建筑，超高层建筑非常高，风载荷往往成为结构的控制载荷。在侧向载荷作用下，超高层建筑的水平位移过大容易引起结构损伤或失稳，因此对超高层建筑的水平位移监测与控制是超高层建筑健康监测的重要内容。瞿伟廉等[32]在深圳市民中心屋顶网架结构(长 486m、宽 156m)上安装了一套考虑风力作用的健康监测系统，该系统由传感器子系统和结构分析子系统组成，传感器子系统测量结构的风压和响应，结构分析子系统在监测得到的结构响应基础上，进行屋顶结构的损伤识别、模型修正和安全评定。欧进萍等[33]在渤海 CB32A 导管架式海洋平台结构上建立了实时健康监测系统，该系统包括环境和结构响应监测子系统、安全评定子系统和数据库子系统。

此外，随着近年来人造卫星定位系统提供的实时位移测量精度的显著提升，GPS 测量技术应用于测量大型结构的整体变化量。例如，GPS 测量技术已应用于直接量度青马大桥整体的三维位移，监测大桥主跨梁及索塔轴线的位移变化，配合结构分析模型来模拟桥身主要构件的内力状况，可增强桥梁结构健康监测和评估的可靠度，并诊断大桥结构是否有潜在损坏的危机，提高养护维修工作的效率和效果。

综上所述，结构健康监测不仅是传统的损伤检测技术的简单改进，而且涉及结构动力学、材料学、计算机、网络通信技术、模式识别等多个领域。对于这一新兴的交叉学科领域，目前的研究还处于理论探索和试验研究阶段，有很多技术难题还有待进一步开发、探索与完善。尽管目前在世界上许多新建的大型桥梁、大跨空间结构等工程上都安装有健康监测系统，但这些系统大多数实际上并不具备损伤识别能力，也无法实现结构的安全性评估。

一套真正意义上的结构健康监测系统必须具备能对监测数据进行分析处理,对结构进行系统识别和损伤识别等功能,从而实现对结构的健康状态进行评估并预测结构的剩余强度、剩余寿命以及进行可靠性分析和评价的最终目标[16,23,29,34]。因此,结构振动信号处理、结构系统识别和损伤识别是结构健康监测系统的核心技术之一,也是结构健康监测系统中最困难的部分。

针对结构健康监测系统中所涉及的结构响应信号处理、结构模态参数识别和损伤识别方面等相关问题进行研究。

1.3 结构模态识别的研究现状

结构模态分析技术从 20 世纪 60 年代后期发展至今已趋于成熟,它和有限元分析技术已成为结构动力学的两大支柱。目前,这一技术已发展成为解决工程振动问题的重要手段,在机械、航天、造船、车辆、土木等工程领域得到了广泛应用,是国内外振动工程学术界的研究热点[35-37]。

结构模态识别是振动信号处理的一个重要组成部分,它的主要任务是从振动信号中估计结构模态参数,主要包括模态振型、固有频率、阻尼比。目前,模态参数识别方法分为频域法、时域法和时频法。

1.3.1 模态参数频域识别法

频域识别法是基于结构的各阶模态相互独立,并构成一个正交函数系的属性,将结构振动分解为结构模态分量的叠加[38]。频域识别方法的基本手段是傅里叶变换,计算机的发展和快速傅里叶变换(FFT)技术的出现,使得将信号从时域变换到频域成为可行,从而模态参数识别技术得到了迅速发展。频域法的最大优点是利用频域平均技术,最大限度地抑制了噪声影响,使模态定阶问题容易解决。然而,该方法也存在若干不足,如功率泄漏、频率混叠、离线分析等。

频域识别法可以分为单模态识别法、多模态识别法、分区模态综合方法和频域总体识别方法。对于小阻尼且各模态耦合较小的结构,使用单模态识别方法可达到满意的识别精度。对于耦合较大的结构,必须使用多模态识别方法[37]。

单模态识别法是指一次只识别一阶模态的模态参数,所用数据为该阶模态共振频率附近的频响函数值。单模态识别法分为直接估计法和最小二乘拟合法。直接估计方法认为结构的观测数据是准确的,没有噪声和误差,直接利用单自由度结构频响函数各种曲线的特征进行参数识别,由于该方法主要是基于特征曲线的图形进行参数识别,因此又称为图解法;或者利用各振点附近实测的频响函数值的差分直接估算结构模态参数。直接估计法简单易行,但是识别精度差,效率低。最小二乘拟合法属于曲线拟合法,其基本思想是根据实测频响函数数据,用理想导纳圆去拟合实测的导纳圆,并按最小二乘原理估算出导纳半径或振型,而其他模态参数的估计仍建立在图解法的基础上。

多模态识别法是首先将传递函数数学模型表示为模态叠合形式或有理分式形式,然后将一组实测传递函数数据与对应频率的模型结果进行比较,并根据一定的评价函数调节待识别参数,直到达到某种意义上最优为止。多模态识别法主要包括最小二乘法、加权最小二乘法、有理分式多项式法、正交多项式拟合法等[39]。

(1) 最小二乘法是一种用解析表达式来对测量数据频响函数进行数值计算拟合的经典方法。通过它能获得在最优平方差意义下试验数据与数学模型的最佳拟合。除了能够识别一般黏性阻尼系统的复模态参数,最小二乘法也能识别黏性比例阻尼系统的实模态参数,且仅需要测量数据频响函数的虚部就能完成识别。

(2) 加权最小二乘法与一般的最小二乘法的不同之处仅在构造目标函数时引入加权矩阵,即目标函数对应的每一个频率点的误差按照不同权值进行处理,信噪比高的频率点处,加权值大,否则加权值应小。同样,也可以用加权最小二乘法识别以实测频响函数虚部为输入数据的黏性比例阻尼系统的实模态参数。

(3) 有理分式多项式法也称 Levy 法或幂多项式法。用该方法进行模态参数识别的数学模型采用频响函数的有理分式形式,由于未使用简化的模态,理论模型是精确的,因而有较高的识别精度。

(4) 有理分式多项式法中理论频响函数与实测得到的频响函数之间存在着误差,用最小二乘法可以估计出这些系数矩阵,再从系数矩阵中直接辨识模态参数。识别过程最终归结为求解线性方程组,而求解过程存在的问题是线性方程组的系数矩阵不是对角占优的,而且数值动态范围往往很大,从而会导致矩阵病态,不能保证较高的拟合精度。正交多项式拟合法是解决该问题的有效方法,这种拟合方法可以根据多参考点频响函数估计出系统极点、模态振型与模态参与因子。

1.3.2 模态参数时域识别法

时域识别法是指在时间域内识别结构模态参数的方法,所采用的原始数据是结构振动响应的时间历程。常用的时域法包括随机减量法(Random Decrement Tehnique,RDT)、自然激励法(Natural Excitation Technique,NExT)、Ibrahim 时域法(Ibrahim Time Domain,ITD)、特征系统实现算法(Eigensystem Realization Algorithm,ERA)和时间序列分析法等。时域法的主要优点是只使用实测响应信号,无须傅里叶变换,也就避免了时频域转换所带来的问题,且便于实现在线分析。但是,时域法存在受噪声干扰大、模型定阶困难以及可能出现虚假模态等问题[15,38]。

(1) 随机减量法是在 20 世纪 60 年代由 Cole 提出的。利用该方法可把随机响应时间序列转化为有关结构的自由衰减信号,将获得的自由衰减信号作为输入数据,通过 ITD 法、Prony 法等便可对结构的模态参数进行估计。随机减量法在理论上仅适用于白噪声激励的情况。

(2) 自然激励法。是由美国 SADLA 国家实验室的 James 等于 1993 年在自然激励技术基础上提出的。其基本思想是,白噪声激励下结构中两点响应之间的互相关函数与脉冲响应函数具有相似的表达式,因此可用互相关函数代替脉冲响应函数与传统的模态识别方法结合起来进行环境激励下的模态参数识别。NExT 假设激励为白噪声,对输出的环境噪声有一定的抗干扰能力。然而实际环境激励并非真正的白噪声激励,这就限制了 NExT 用于环境激励模态参数识别的适用性。

(3) Ibrahim 时域法。Ibrahim 时域技术,是由 Ibrahim 于 20 世纪 70 年代提出的一种用结构自由振动响应的位移、速度或加速度时域信号进行模态参数识别的方法。ITD 法的基本思想是以黏性阻尼线性多自由度系统的自由衰减响应表示其各阶模态的组合为理论基础,根据测得的自由衰减响应信号经过三次不同延时的采样,构造自由响应采样数据的增广矩阵,即自由衰减响应数据矩阵,并由响应与特征值之间的复指数关系,建立特征矩阵的数学模型,求解特征值问题,得到数据模型的特征值和特征向量,再根据模型特征值与系统特征值的关系,求解系统的模态参数。

(4) 特征系统实现法的基本思想是根据系统的脉冲响应数据,构造汉克尔(Hankel)矩阵,然后对该汉克尔矩阵进行奇异值分解,通过奇异值分解的结果得到该系统的最小实现,最后对最小实现的状态矩阵进行特征值分解,可得到系统动力学参数(如模态频率、阻尼比)的一种算法。

(5) 时间序列分析法最早应用于金融领域,后来在机械、航空等领域用来进行结构的模态参数识别。时间序列识别方法是基于离散自回归模型的模态参数识别方法,通过被测试结构输出响应的时间序列识别结构的模态参数,适用于白噪声激励下的线性或者非线性参数识别,已经发展起来的方法中有自回归模型(Autoregressive Model,AR 模型)、滑动平均模型(moving Average Model,MA 模型)和自回归滑动平均模型(Autoregressive Moving Average Model,ARMA 模型)识别方法。

1.3.3 模态参数时频识别法

基于时频分析的结构模态识别是目前信号分析领域的一个研究热点。基于振动信号分析的时频分析法主要有小波分析(Wavelet Analysis)、希尔伯特黄变换(Hilbert-Huang Transform,HHT)等。

小波分析是 20 世纪 80 年代开始逐渐发展起来的一门技术,目前已经在信号处理、故障诊断、损伤识别以及系统识别等方面得到了广泛应用。用于模态参数识别的小波分析法,首先利用小波变换良好的时频分辨能力以及带通滤波性质使系统自动解耦,然后从脉冲响应函数的小波变换出发识别模态参数。尽管小波分析法在模态分析中的应用取得了一些成果,但是,基于小波变换的模态参数识别的实现方法还有待于进一步改进,识别精度也需要进一步提高。另外,由于小波变换是一种先验的分析方法,小波基函数的最优选取也需要进一步研究[16,40]。

希尔伯特黄变换是 1998 年由美国国家航空航天局(NASA)的黄锷博士等提出的一种全新的信号处理方法,由经验模态分解(Empirical Mode Decomposition,EMD)及希尔伯特变换两部分组成[40]。EMD 方法通过“筛选”将原始信号分解为包含不同时间尺度的有限个基本模式分量和余项之和。每一个基本模式分量仅包含结构的某一阶固有模态信息,可以认为是结构的一阶模态响应,其频率成分随信号本身变化而变化,被分解的信号可采用其他模态参数识别方法进行识别。Yang 等将 HHT 方法和带通滤波技术结合在一起,系统地研究了线性多自由度系统的参数识别问题,提出了基于 HHT 的实模态和复模态分析方法,还将 HHT 方法与随机减量技术相结合,提出从环境激励响应中提取实际结构自振频率和阻尼比的方法,该方法仅需要某个结构一个位置的加速度响应信号,就可以识别出结构的自振频率和阻尼比[41,42]。经验模态分解基于信号本身的时间尺度特征,克服了傅里叶变换用高次谐波分量拟合非线性非平稳信号的缺点,且该方法是完全自适应的。HHT 方法也存在一些缺点,如端部效应、模态混叠等问题,尤其是模态混叠对模态参数的识别精度造成很大的干扰。

1.4 结构损伤识别的研究现状

结构损伤识别方法从总体上分为静力识别方法和动力识别方法两大类。静力识别方法是通过静态测量数据(如位移、应变等)对结构进行损伤识别,动力识别方法是利用结构动态特性的变化进行结构损伤识别。静力识别方法试验时间长、现场工作量大,且难以做到实时监控;此外,当受损结构在特定荷载作用下变形几乎未受影响时,很难获得理想的识别结果。动力识别方法应用的条件限制少,效率高,且便于实时监控,因而适用于结构健康监测,是目前应用较广的方法。下面介绍动力识别方法在结构损伤识别中的应用。

1.4.1 基于动力指纹的损伤识别

结构的动态特性是结构的固有特性。结构的损伤必然引起结构动态特性的改变,只要能找到某些反映结构动态特性变化的量作为损伤指标,直接对比其在损伤前后的变化情况即可达到损伤识别的目的。因此,基于动力指纹进行损伤识别的关键是选取合适的损伤识别指标。目前提出的损伤指纹主要有固有频率、位移模态、曲率模态、应变模态、模态应变能、模态置信准则(MAC)、坐标模态置信准则(COMAC)、模态柔度、模态刚度等各种损伤指纹[16]。

固有频率是结构最基本和最易获得的动态参数,因而也是最常用的损伤指纹。频率反映结构的整体特性,不同形式的结构损伤可能产生相似的频率变化特性,故该指标仅能发现损伤,却不能确定损伤位置[43]。此外,频率受外界环境的影响较大,如温度的变化同样会使结构的频率发生改变,这使得仅依靠频率变化识别损伤更加困难[44]。

模态振型通常包含更多的损伤信息,但在当前的工程测试中仅能识别少数低阶模态振型,而对损伤相对敏感的高阶振型测试精度较低。Farrar 等[45]在 I-40 桥上进行了一系列模态试验,认为标准的固有频率及模态振型等动力特征不是合适的损伤指标，而模态曲率、模态柔度、模态刚度等指纹的损伤识别与定位的能力有所改善。李德葆等[38]研究了6种损伤识别指标的灵敏度，其由低到高依次为位移模态振型、固有频率、位移频响函数、曲率模态振型、应变模态振型、应变频响函数，指出应变型指纹比位移型指纹对损伤具有更好的识别能力。

目前的动力指纹类方法主要是以傅里叶变换为基础，对结构动力方程进行分析，推导出损伤位置和程度的函数，并以此作为损伤诊断的依据。基于动力指纹类的损伤识别方法已被证明在数值模拟结构和实验室的梁、板、框架等简单模型结构中是成功的。然而，在实际工程结构中应用结果并不太理想，主要原因是：结构低阶频率实测较准，但它对局部损伤很不敏感；高阶频率对局部刚度的变化很敏感，却很难精确测量。动力指纹类方法的成功应用或许要依赖于试验技术的发展、寻找新的敏感的动力指纹和建立基准模型方法的新发现[46]。

1.4.2 基于模型修正的损伤识别

模型修正方法是目前研究的较为成熟的一种方法，其实际上是一种系统识别方法，主要是利用实测分析的结果对有限元模型进行修正，即得到一个修正后的模型。修正模型比最初的分析模型更好地反映实际结构，模型中观测到的任何局部刚度的减少均假定显示了监控结构的损伤位置和损伤程度[26]。

基于模型修正的损伤识别方法的原理是通过测量结果反向识别出结构刚度、质量、阻尼及荷载变化，从而识别损伤。模型修正本质上是一个约束优化问题，不同的模型修正方法只是在基本方程和求解方法上有所差异，这些差异可以根据约束条件、最优化目标函数以及优化方法等方面进行分类。常用的模型修正方法主要有最优矩阵修正法、灵敏度分析法、特征结构分配法和最小秩摄动法等[16]。

最优矩阵修正法是在一定的约束条件下直接对方程进行求解的方法。其具体算法有最小范数摄动法、基于最小范数的拉格朗日乘子法和基于最小秩的摄动法等。

灵敏度分析方法是根据结构响应特性对结构参数的灵敏程度，选择对结构静力或动力响应特性影响较大的结构参数来进行修改达到有限元模型修正的目的。一般包括结构响应灵敏度和结构动力特性灵敏度等，结构响应灵敏度一般通过试验或分析数据得到，而动力特性灵敏度一般利用振型正交性条件，通过计算结构刚度和质量矩阵的导数得到。

特征结构分配法是通过合理选择虚拟控制系统，使增加虚拟控制后的结构动态特征与在结构上测得的动态特征一致，从而实现结构的有限元模型修正。然而特征结构分配法修正的是结构整体特征矩阵，不易于进行结构模型误差或损伤的正确定位[29]。

由于以上方法在某些方面存在一定的不足，因此，一些学者尝试将这些方法结合起来或将这些方法与其他法结合起来使用，以提高算法的计算效率和准确程度[47]。

1.4.3 基于神经网络的损伤识别

神经网络是由许多神经元按照不同的连接方式构成的巨型复杂网络。它以分布式方式存储信息，具有并行计算、联想记忆、自适应和高度非线性动力学特征，能处理模糊性、随机性、噪声或不相容的信息，因此可以使用神经网络来实现结构损伤识别。

神经网络可以分为有监督学习模型和无监督学习模型两类。有监督学习模型分为反向传播（BP）网络、径向基函数（RBF）网络、概率神经网络（PNN）和反馈层状网络，无监督学习模型分为自组织映射（SOM）和自适应共振理论（ART）模型。应用比较多的是 BP 网络，一方面是 BP 模型结构简单，另一方面是模型误差反传学习算法通过正传和反传计算两个阶段达到识别学习的目的，不仅容易实现，而且可以极大地提高识别率。但是由于 BP 网络易陷入局部极小、收敛速度慢和网络隐含层及单元数缺乏理论指导等问题，一些学者进行了 BP 算法的改进工作，姜绍飞[48]从 BP 模型的改进激励函数、误差函数、初始权值的选择、改进优化算法和优化网络结构 5 个方面进行了详细研究与探讨。Samanta 等[49]采用时域内振动信号特征作为 BP 网络的输入，它的隐含层单元数采用粒子群算法（PSO）进行优化，对一旋转机械的故障进行了识别，并与支持向量机（SVM）方法进行了比较，发现采用 PSO 的 BP 模型识别正确率达到 98.6%~100%。还有学者结合其他信号处理技术如小波/包、HHT、盲源分离/独立分量分析（BSS/ICA）对振动及声发射等信号进行特征提取，运用进化算法等优化方法对 BP 网络进行改进，提出了许多有效的故障诊断与损伤检测方法[21,50]。

将贝叶斯估计放入神经网络来完成推理的模型是 PNN，PNN 训练时间短,仅需要训练一次就达到收敛,网络结构根据模式样本的输入信息来确定,它具有更好的学习和泛化能力[21,48]。Yu 和 Chou[51]提出了一种将 ICA 与 PNN 结合的心电图跳动分类方法:先用 ICA 对心电图信号进行特征提取,然后分别用 PNN 和 BPN 进行模式分类,最后用试验验证了方法的有效性。研究发现,两种神经网络模型都具有 98%的识别精度,但是 PNN 方法在精度和健壮性方面都要稍优于 BPN。

Wu 等[52]基于自适应跟踪和神经网络技术,提出了内燃机故障诊断专家系统,它由内燃机声发射信号的记录与特征参数的提取和 PNN 的特征学习及发动机故障诊断两部分组成。为了证明所提出方法的有效性,与 BP 网络和 RBF 网络两个传统神经网络模型进行了故障诊断比较。研究发现:提出的系统除了能够进行自适应跟踪提取信号特征外,PNN 还能够提高系统的学习时间和诊断率;在内燃机故障诊断示例中,虽然三个网络模型对识别故障都有贡献,但是 PNN 完成收敛的时间极短且诊断率明显优于其他两种模型。

姜绍飞等[48]提出运用传统 PNN(TPNN)、主成分分析 PNN(PCAPNN)、自适应 PNN(APNN)三种 PNN 模型对香港青马悬索桥进行了损伤检测与定位。PCAPNN 采用 PCA 进行特征简化以减少输入特征的数量,将约简的特征参数与样本放入传统的 PNN 中;APNN 通过遗传算法(Genetic Algorithm,GA)寻找各输入特征参数各自最优的 σ 参数。最后分别用三种 PNN 模型对悬索桥进行了损伤定位比较。实验结果表明:APNN 的分类识别效果极大地优于其他两种模型,APNN 在损伤检测与定位方面具有较好的识别精度和鲁棒性。

SVM 是根据结构风险最小化原则设计,针对有限样本情况的一种机器学习算法,它属于广义神经网络范畴。近年来,SVM 理论被引入土木工程领域对结构损伤进行诊断。樊可清等[53]对香港汀九大桥长期振动和温度分布测试数据进行了分析研究,利用支持向量机模式识别有效地消除引起模态频率变化的环境温度和温度分布模式因素的影响。闫维明等[54]通过小波包分解得到反映构件损伤的特征向量,经过支持向量机来识别出空间结构杆件的损伤位置和程度。

总之,利用自身具有的自学习、自适应、容噪和模式匹配等能力,神经网络可以进行结构损伤识别,但是网络模型的确定、学习样本的产生、快速收敛的学习算法等问题制约着神经网络的进一步推广和实时在线应用,有待于今后进一步研究和探讨。

1.4.4 基于进化算法的损伤识别

进化算法是一种现代智能计算方法，它模仿生物进化过程中自然选择的规律，将问题的求解转化为个体适应度的问题，通过高度并行、随机和自适应的群体进化，最终收敛到“最适应环境”的个体，从而得到问题的最优解。进化算法包括遗传算法和粒子群算法。

GA 是模拟自然界生物进化过程与机制求解问题的一种自组织与自适应的人工智能技术，与常规的数学方法相比，它具有高度的自适应性、鲁棒性和并行性，而且对于包含的非确定性和噪声信息也有一定的处理能力。目前，常用的振动检测方法是将灵敏度分析与优化算法相结合，通过最小化实测响应与理论分析数据之间的差异来实现。然而，传统的优化方法大多数是基于梯度方法求解得到最小值的，它往往只是一个局部极小值，而 GA 则是在整个搜索空间内寻找全局最优解。基于 GA 的上述优点，Hao 和 Xia[55]通过求解 GA 目标函数的最小值达到损伤识别的目的，悬臂梁和框架结构的试验结果证明了该方法的有效性。Furuta 等[56]提出将 GA 与灵敏度分析相结合的损伤定位方法，通过模拟梁和实测板进行了验证。该方法的优点是不仅可以对结构进行灵敏度分析，而且可以用 GA 对包含损伤位置信息的目标函数进行全局优化；缺点是分析复杂，计算时间比较长。

此外，一些学者尝试将 GA 与其他技术如神经网络、小波/包分析、模糊神经网络(FNN)、有限元分析等相结合，解决现实中的一些难题，获得了比较好的效果。Lei 等[57]提出一种将 EMD、FNN 与 GA 相结合的新型旋转机械故障诊断方法：首先，用滤波、EMD 等技术对振动信号进行降噪处理，再提取特征，获取有用的典型特征信息，获得 6 组时频域的特征集；其次，采用改进的距离评价函数进行特征选择，获得对故障诊断非常重要的特征参数；最后，将这些重要的特征量结合起来，输入至几个 FNN 模型中，每个 FNN 模型的重要性因子采用 GA 进行优化获得，再进行加权平均得到最终的故障模式与评价。

PSO 主要源于对鸟类群体行为进行建模与仿真的研究成果，在鸟类群体觅食过程中，个体与周围其他同类比较，并模仿其中优秀者的行为。PSO 与 GA 相比，其优势在于易于实现，并且需要调整的参数较少。万祖勇等[58]针对 PSO 容易出现早熟问题，增大算法后期的粒子位置的改变量，从而增加粒子位置的差异，进而增强其在求解约束优化问题时抵抗局部极小的能力。三层框架结构实验证明了 PSO 应用于结构损伤识别领域的有效性。

总之，进化算法是来自生物仿生学的计算技术，它具有较高的智能，采用并行计算，较好地处理不确定性，不需要显式表达式和求导，以及获得的解是全局最优解等优点；但是计算比较复杂，耗时比较多，且用于实际工程中的例子有待于进一步研究与推广。

1.5 盲源分离技术的研究现状

盲源分离基本理论创立于20世纪80年代中期。1986年法国学者Jutten和Heranh提出了递归神经网络模型和基于Hebb学习规则的学习算法，以实现两个独立源信号混合的分离，这一开创性的论文在信号处理领域揭开了新的一页，标志着BSS研究的开始。此后近20年来，BSS技术成为信号处理领域的研究热点，BSS理论和实际应用都得到了很大发展，出现了大批优秀算法，如基于二阶统计量的多个未知信号抽取（AMUSE）算法[59]、时间解相关盲源分离（TDSEP）算法[60]、SOBI算法[61]和基于高阶统计量的FastICA算法[2,62]等。

国内对于BSS的研究相对比较晚。清华大学的张贤达教授在1996出版的《时间序列分析——高阶统计量方法》书中，介绍了有关BSS的理论基础，并且给出了部分算法。之后，关于BSS的研究才逐渐增多。尤其是近年来，在国内各类基金的支持下，很多博士和硕士论文是结合BSS理论和应用开展的[8,9,15-18,63-70]。

下面从基于源信号统计特征的BSS、基于源信号结构特征的BSS、基于源信号非平稳性的BSS、BSS算法的快速性、BSS分离效果的评价指标和BSS的不确定性6个方面综述BSS研究现状[9]。

1.5.1 基于源信号统计特征的盲源分离

在盲源分离（BSS）技术出现的20多年，大部分学者是基于BSS线性瞬时混合模型进行理论研究，而线性卷积混合模型和非线性混合模型的研究则相对较少。目前，一般的BSS算法是基于线性瞬时混合模型开发的，如梯度算法[71]、FastICA算法[62]、JADE算法[72]及其拓展算法[73-75]。这些方法利用源信号的统计特征，以独立性准则进行分离，通过目标函数（代价函数）达到极大值以消除混合信号（观测信号）中的高阶统计关联，实现源信号的分离。

在这种情况下，BSS 算法等价于独立分量分析（Independent Component Analysis，ICA）算法[76]。

在很多实际应用中，源信号的概率分布函数并不能由先验得知，在实际算法的推导中，只能通过一系列的非线性函数对概率分布函数进行近似，从而引入高阶统计量。Hyvärinen 等提出的 FastICA 算法[2]就是一个很有效的基于高阶统计量算法。在有限样本情况下，Koldovsky 等[77]研究了 FastICA 算法分离性能的理论界限问题，得出了 FastICA 算法分离有效性的条件。陈阳等[78]提出了一种称为准熵的新的独立性度量，并提出了基于准熵的盲分离算法，可分离包括峭度为零的任意连续分布的信号。

卷积混合模型的 BSS 算法通常是在瞬时混合模型算法的基础上拓展的。Lee 等[79]拓展了 FastICA 算法，使得其适用于卷积混合模型。有些学者利用时域卷积对应频域乘积的这一特性，在频域采用基于子带分解的方法进行源信号分离[80]：首先对数据进行子带分解处理；然后在各子带内采用线性瞬时混合的盲分离方法进行分离；最后用分离后的子带信号重构源信号。由于 BSS 的幅值和排序这两个不确定性，该方法存在着频域信号的精确重构问题。

还有一些学者从时域的角度对卷积混合模型算法进行了研究。基于时域的卷积混合模型方法使用有限冲激响应（FIR）滤波器作为卷积混合的时间模型，它的目的是估计 FIR 滤波器的系数向量，从而得到源信号的估计。估计 FIR 滤波器系数向量有基于输出非线性函数取消准则、基于输出互累积量取消准则的自适应算法。Thi 和 Jutten[81]提出了分离宽带源信号的自适应算法，在四阶白色噪声的前提下，证明了可以用基于四阶输出互累积量消除的方法估计滤波器的系数，从而分离基于 FIR 滤波器模型产生的信号。目前关于估计 FIR 滤波器系数的讨论，通常只限于两个卷积混合信号的分离，未见到能够实现多于两源卷积混合信号分离的文献[9]。

1.5.2 基于源信号结构特征的盲源分离

BSS 算法除了利用源信号的统计特征，还有一部分 BSS 算法通过利用源信号的结构特征进行分离[9]。Liang 等[82]通过子空间分析，提出了一个新的非线性批处理算法，从通道输出的一组四阶累积量矩阵张成的空间出发，识别多输入多输出（Multiple Input Multiple Output，MIMO）线性系统。当源信号是空间不相关但时间相关时，利用信号的二阶统计量可以获得信号的时间特征结构，将混合矩阵的盲辨识问题转化为标准特征值分解（EVD）、广义特征值分解(GEVD)和联合近似对角化(JAD)问题,进而实现源信号分离。较早的基于二阶统计量算法可以追溯到 Tong 等提出 AMUSE(Algorithm for Multiple Unknown Signals Extraction)算法[59],该算法对白化数据的单位时延协方差矩阵进行 EVD 实现对多个盲源的提取,但是 AMUSE 算法对噪声信号非常敏感。Ziehe 等基于多个时延协方差矩阵和雅可比旋转技术提出的 TDSEP(Temporal Decorrelation source SEParation algorithm)算法[60],提高了基于信号时间结构 BSS 算法的鲁棒性。Belouchrani 等[61]通过处理协方差矩阵集合而不是单个协方差矩阵,提出了二阶盲辨识(Second Order Blind Identification,SOBI)算法,并在此基础上进行了改进和理论证明,以比较低的计算代价使得分离结果的鲁棒性得到显著提高。随后,Belouchrani 和 Cichocki 对 SOBI 算法进一步改进,在信源数小于观测数的条件下采用稳健正交化作为预处理步骤[83]。另外,他们在 SOBI 算法的基础上进行拓展,开发了 SONS(Second Order Nonstation Souree Separation)算法[84],该算法利用信号的非平稳性和源信号的时间结构进行源信号的分离。

还有一些学者从 BSS 的稳定性、源信号的平稳特征和联合对角化等不同角度对基于二阶统计量 BSS 进行了研究。Ziehe 等提出了 FFDIAG 算法[85],该算法基于 2 范数公式,用非正交变换进行矩阵的联合对角化。Pham 开发了一个近似对角化的非酉化联合对角化算法,采用与雅可比技术类似的方法,使几个厄米特正定矩阵同时对角化[86]。

1.5.3 基于源信号非平稳性的盲源分离

在实际应用中,大多数信号均含有大量的非平稳成分。处理非平稳性信号的 BSS 方法通常采用离线分块处理算法[9],这类算法运用分段平稳的思想处理非平稳信号,在时域上把信号分割成相对平稳的信号块,然后对信号块采用基于平稳过程的线性混合模型 BSS 方法进行处理[87,88]。这种方法的有效性依赖于不平稳信号分块的合理性,合理的信号分块使得分离效果大大提高;否则,容易造成算法性能的降低甚至失效。上海交通大学的何文雪等[89]利用自然梯度原则推导出一种非平稳信号在卷积混合情况下的自适应 BSS 算法,该算法适合在线运算。

近年来,一些学者通过引入时频分析方法进行非平稳信号的分离研究。Matz 等[90]给出了应用不同时频特征的时频分析 BSS 方法的统一框架。山东大学的刘据等[91]通过分析观测信号的 Wigner-Ville 分布,对观测信号的

Wigner-Ville 分布矩阵进行联合对角化来实现盲源分离。上海交通大学的楼红伟等[92]提出一种用于卷积混合语音信号自适应盲分离的小波域算法,对在线实时应用进行了研究。

1.5.4 BSS 算法的快速性

BSS 算法的快速性一直是各国学者们追求的目标[9,62]。芬兰学者 Hyvärinen 等[62]提出的 FastICA 算法就是以快速性为主要特点的 BSS 算法。Ziehe 等[85]提出的一个旨在加速算法运行的 FFDIAG 算法。中国科技大学的徐尚志等[93]通过从白化数据中估计出混合矩阵的旋转角度,从而同时分离超高斯和亚高斯的混合信号的方式提出了一种基于高阶统计量的快速分离算法,该算法能够快速有效地分离出不同概率密度分布的混合信号。西安电子科技大学的付卫红等[94]在自然梯度 BSS 算法的基础上,基于最优步长的思想对步长进行自适应迭代,提出了一种新的步长自适应的自然梯度 BSS 算法。

1.5.5 BSS 算法分离效果的评价指标

为了评估 BSS 算法分离效果的优劣程度,很多学者采用了不同的方法和性能指标[9]。有些学者采用信号之间的串音干扰指标,但这种指标不能用于实际信号的分离效果评价。Comon[76]采用解混矩阵与对角矩阵的差距作为分离性能指标,这种指标由于盲源分离方法的不确定性,评价性的效果会降低。有的学者采用性能指标或串音误差评价算法的性能,这种指标不易受分离不确定性的影响[95]。理论上,这是一个很好的性能指标;但是,该指标对于数字误差很敏感,在许多实际情况下,这种差距并没有很大的意义。对于实际信号,很少有比较可行的性能指标进行算法的性能评定。许多算法都只能在模拟试验中应用(假设源信号或混合矩阵已知)。

1.5.6 BSS 算法分离的不确定性

为解决 BSS 算法分离的不确定性问题,Hesse 等[72]给出了一种把先验信息作为约束条件加入到 BSS 算法中的方法。刘建强等[96]提出了一种基于多信道语音增强的频域盲源分离后处理方法,以进一步消除不同信源间的空间干扰和噪声，且无须增加额外的先验信息，仿真研究获得了较好的分离效果。

针对频域 BSS 算法的排序不确定性问题，目前主要有两种解决方法：

(1) 利用信号频谱的相位信息。首先在每个频点上估计源信号的波达方向角(DOA)，再以 DOA 为特征对每个频点上的独立分量进行聚类，来确定独立分量所对应的信号源[97]。这类方法需要对源信号和传感器的位置进行估计，时间耗费较大，准确性较差。

(2) 利用信号频谱的幅度信息。Sawada 等[98]以混合信号的两个相邻频点的幅度相关之和为代价函数，对其进行最大化，找到一组合适的排列。这种方法计算复杂度高，且不能用于在线分离。焦卫东等[99]通过设定两个相邻频点的幅度相关阈值，计算按照当前顺序排列得到的幅度相关度，与阈值比较，决定某一频点上分量的当前顺序是否需要更改。显然，阈值的选择直接决定了算法是否成功，鲁棒性较低。王卫华等[100]通过计算输出信号相邻频点的幅度相关矩阵，确定输出信号在各个频点的顺序。该方法在对每个频点进行独立分量分析的同时能够确定独立分量的排序，提高了 BSS 的计算效率。

1.6 本书主要研究内容

本书基于 BSS 技术对结构振动信号分析处理进行了比较深入的阐述。重点研究了结构振动响应的信噪分离、基于二阶统计量的 BSS 算法中的时延优化选择、可识别复模态参数的扩展型 SOBI 算法以及基于 BSS 特征提取的损伤识别方法。

第 1 章阐述了本研究的目的及其意义，系统地说明和综述了现有结构模态参数识别、结构损伤识别、BSS 技术的应用背景、理论意义与研究现状。

第 2 章从总体上概括了 BSS 的基本理论与方法，基于 BSS 假设条件和两个不确定性描述了 BSS 数学模型，简述了 BSS 涉及的数学基础知识和预处理方法，讨论了 BSS 两个核心部分，即目标函数和优化算法。从信息论和统计理论上介绍了常用的各种目标函数。将优化算法概括为三种类型：每次迭代利用全部样本数据的批处理算法；随着数据采集进程不断自动更新处理的自适应算法；每次只提取一个“感兴趣”成分的逐层分离法。分析了实际工程结构振动中测量信号的信噪分离，针对脉冲和正弦两种源信号的结构混合振动响应，分别采用 FastICA 算法和 SOBI 算法从混合信号中将有用信号分离出来，从而实现了信噪分离。

第 3 章针对基于信号时间结构的 BSS 中时延选择问题，提出了一种基于量子遗传算法（QGA）的时延自适应优化选择方法。对基于时间结构的 BSS，时延的选择对算法的计算复杂度和最后的信号盲分离效果都有着较大的影响，传统的选择方法一般是直接采用前面几个最小的自然数，但是这样做并不能总取得很好的效果。首先采用量子编码表征染色体，量子坍塌的随机观察结果与时延相结合形成种群；然后对若干时延二阶相关矩阵同时近似对角化，利用分离信号的负熵构造适应度函数；最后通过量子旋转门算子来实现染色体的演化更新，从而实现时延的优化组合。

第 4 章针对普通 BSS 不能识别复模态参数的不足，提出了基于非对称非正交联合近似对角化的扩展型 SOBI 的模态参数识别方法。首先，基于复模态理论，应用希尔伯特变换增加虚拟测点，对原信号进行有效的扩阶来构建分析信号；然后，白化处理分析信号，对不同时延的二阶协方差矩阵进行非对称非正交联合近似对角化，得到的混合矩阵作为模态振型；最后，对单自由度模态响应提取模态频率和阻尼比，从而实现对结构模态参数的识别。

第 5 章利用 ICA 的统计特性提取结构特征参数，并将结构特征输入到三种状态分类器进行结构状态识别。首先，基于 ICA 的混合矩阵构造一部分特征指标，同时基于 ICA 提取的独立分量的统计特性构造另一部分特征指标；然后，联合两部分特征指标共同组成结构特征参数。为了验证该特征参数在损伤识别中的有效性和可行性，将其分别输入到三种状态分类器，即基于量子理论和 L-M 自适应调整策略的量子 BP 神经网络（QBP）分类器、基于统计学习理论的支持向量机分类器、基于样本协方差矩阵的 Mahalanobis 距离（马氏距离）非监督判别法进行了结构状态识别。其中，QBP 分类器和 SVM 分类器不仅能够判断是否发生损伤，而且能够识别损伤位置和损伤程度，不足之处是这两种分类器属于监督学习法（有教师学习法），在实际工程中由于损伤样本很难取得，监督学习法受到了一定限制。马氏距离函数判别法属于无监督学习法，具有广泛的工程应用前景，但是马氏距离函数只能判别损伤是否发生，而不能识别损伤位置和损伤程度。

第 6 章对全书研究内容作了概括和总结，并对未来的进一步研究进行了展望，给出了几个有待进一步研究的问题。

第2章
盲源分离的基本理论和方法

2.1 概述

盲源分离过程可以简单地描述如下：在信源 $\boldsymbol{s}(t)$ 中各信源互相独立的假设下，由观察量 $\boldsymbol{x}(t)$ 通过解混系统把它们分离出来，使输出 $\boldsymbol{y}(t)$ 逼近 $\boldsymbol{s}(t)$，有时把解混过程分成两步（球化 $\boldsymbol{Q}$ 和正交化 $\boldsymbol{U}$）来达到目的[2,3,7,70]，如图2.1所示。

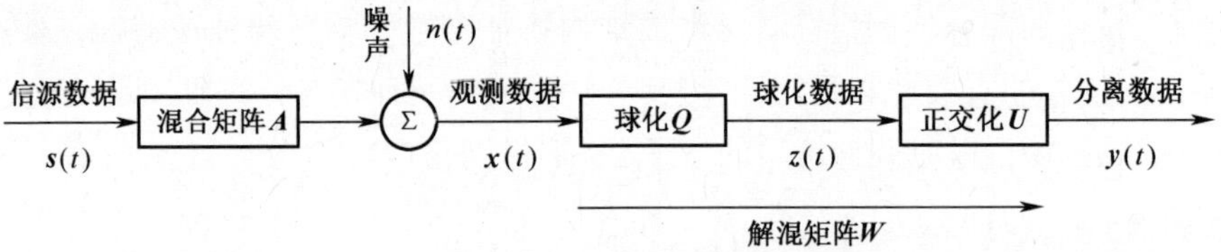

图2.1 盲源分离的混合—解混过程

采用两步法进行解混时：第一步“球化”使输出 $\boldsymbol{z}(t)$ 的各分量 $z_i(t)$ 的方差为1，而且互不相关（但未必互相独立）；第二步“正交化”，一方面使输出各分量 $y_i(t)$ 的方差保持为1，同时使各分量 $y_i(t)$ 尽可能互相独立，由于 $z_i(t)$ 已经满足独立性对二阶统计量的要求，因此进行第二步时只需考虑三阶以上的统计量（一般为三阶和四阶）。

可见，BSS实际上是在某一判据（目标函数）意义下进行的优化计算，所以BSS问题实际包含两个部分：首先采用什么目标函数作为一组信号是否接近互相独立的准则；其次用怎样的优化算法来达到这个目标。

为此，本章基于BSS假设条件和两个不确定性描述BSS模型；然后简述BSS涉及的数学基础和预处理方法，同时介绍BSS核心部分，即目标函数和优化算法；最后采用 FastICA 算法和 SOBI 算法两种 BSS 经典算法进行了信噪分离试验。

2.2 盲源分离模型描述

2.2.1 盲源分离的数学模型

按照源信号混合方式的不同，盲源分离可以分为线性瞬时混合模型、线性卷积混合模型、非线性混合模型三种类型。

2.2.1.1 线性瞬时混合模型

源信号的瞬时混合，意味着各源信号“同时”到达测量传感器，传播过程中仅有放大（或衰减）而无延迟滤波作用。线性瞬时混合的 BSS 问题可以用如下的数学形式表示：

$$\boldsymbol{x}(t)=\boldsymbol{A}\boldsymbol{s}(t)+\boldsymbol{n}(t) \tag{2.1}$$

式中：$\boldsymbol{x}(t)$ 为 N 个信道获得的 N 维观测信号，$\boldsymbol{x}(t)=[x_1(t),x_2(t),\cdots,x_N(t)]^{\mathrm{T}}$；$\boldsymbol{s}(t)$ 为 M 个独立源信号，$\boldsymbol{s}(t)=[s_1(t),s_2(t),\cdots,s_M(t)]^{\mathrm{T}}$；$\boldsymbol{n}(t)$ 为 N 维噪声信号，$\boldsymbol{n}(t)=[n_1(t),n_2(t),\cdots,n_N(t)]^{\mathrm{T}}$。

可以看出，任意一维的观测向量 $\boldsymbol{x}(t)$ 都是 $\boldsymbol{s}(t)$ 的线性组合，$\boldsymbol{A}$ 为未知的混合矩阵。BSS 的任务就是要从观测信号向量中恢复出源信号向量，即要找到一个分离矩阵 $\boldsymbol{W}$，通过如下线性变换：

$$\boldsymbol{y}(t)=\boldsymbol{W}\boldsymbol{x}(t) \tag{2.2}$$

使得 $\boldsymbol{y}(t)$ 是源信号的最优估计。为了简化各算法，暂不考虑噪声信号的存在，此时的 BSS 模型有时称为独立分量分析。目前，盲源分离的大部分算法是基于线性混合模型，很多具有良好性能的算法已成功应用于生物医学信号处理、地震信号分析等诸多领域[2,4]。

2.2.1.2 线性卷积混合模型

卷积混合模型是一种更为接近实际的 BSS 模型，这是因为：实际中每一个源信号不会同时到达所有的传感器，不同的源信号到达传感器的时延不同，时延值的大小取决于传感器位置以及信号的传播速度；另外，信号可经过多种路径传播到传感器(多径效应)。例如,"鸡尾酒会"问题中,在有反射回声的室内不同传声器接收器记录的多个说话人的语音信号。

线性卷积混合模型与线性瞬时混合模型的主要区别在于:瞬时混合模型中的混合矩阵 $\boldsymbol{A}$ 的各元素都是纯量,而卷积混合模型则是系统的冲击响应。卷积混合模型中信源的每一条传播途径可以看作一个线性滤波器,形成的观测信号可用如下数学形式表示:

$$\boldsymbol{x}(t)=\boldsymbol{A}(t)*\boldsymbol{s}(t)+\boldsymbol{n}(t) \tag{2.3}$$

式中:$\boldsymbol{x}(t)$ 为经过滤波器后得到的观测信号;$\boldsymbol{s}(t)$ 为未知的源信号;$\boldsymbol{A}(t)$ 为未知的线性滤波器矩阵,表征信源经过的传播路径;$\boldsymbol{n}(t)$ 为附加的噪声信号。

解决卷积型 BSS 问题比瞬时型 BSS 问题更困难些,因为需要估计的参数较多,例如当信源数为 N 时,观测通道数为 M 时,瞬时型 BSS 中混合矩阵 $\boldsymbol{A}$ 的待定系数只有 $M\times N$ 个,而卷积型的待定系数则有 $(p+1)\times M\times N$ 个(p 为传递函数多项式的阶次)。

目前,线性卷积混合模型已成功应用于通信系统、机械振动分析与故障诊断等领域[2,9]。

2.2.1.3 非线性混合模型

实际环境中的观测信号可能是经过非线性混合而成的,这种问题的盲源分离要比线性混合情况复杂得多,这时线性混合的盲源分离算法不再适用。非线性混合模型可以表示如下:

$$\boldsymbol{x}(t)=\boldsymbol{f}(\boldsymbol{s}(t))+\boldsymbol{n}(t) \tag{2.4}$$

式中:$\boldsymbol{x}(t)$、$\boldsymbol{s}(t)$、$\boldsymbol{n}(t)$ 分别表示观测信号、源信号、噪声信号;$\boldsymbol{f}(\cdot)$ 为非线性混合函数矩阵。

非线性混合一般分为后非线性混合和完全非线性混合,后非线性混合模型发展最为全面和迅速。另外,将贝叶斯学习法、自组织映射法、局部线性概念等引入非线性混合模型正在备受重视[4]。

2.2.2 盲源分离的基本假设

在盲源分离问题中,源信号是未知的,混合方式(信号传输通道参数)也是未知的,然而,这并不意味着盲源分离能够在不需要任何先验知识的条件下,从一组观测信号中估计出混合方式进而分离源信号。通常情况下,为了使源信号能够从观测信号中分离出来,需要对源信号的统计特性以及混合矩阵做如下假设[66,70]：

（1）源信号 $s_i(t)$ 之间互相独立；

（2）源信号 $s_i(t)$ 之间互不相关；

（3）源信号 $s_i(t)$ 中最多只能包含一个高斯信号；

（4）源信号 $s_i(t)$ 为非平稳的随机过程；

（5）源信号 $s_i(t)$ 具有不同形状的功率谱密度函数，即源信号 $\boldsymbol{s}_i(t)$ 为非白信号；

（6）源信号的各个分量 $s_i(t)$ 为零均值、单位方差；

（7）混合矩阵 $\boldsymbol{A}$ 非奇异或是列满秩。

需要说明的是，假设（1）~（7）是目前的大部分盲源分离方法对源信号和混合矩阵要求的总和，对于某一具体的盲源分离方法，并不要求上面所有条件都成立。针对上述假设，下面分别作详细说明：

假设（1）或其弱化假设（2）是一般盲源分离算法对源信号的最基本要求。独立性也是大部分盲源分离方法用作评价分离结果的标准，即若输出信号满足独立性标准，就可认为源信号分离是成功的。

关于假设（3），当源信号中包含多于一个高斯白噪声信号时，由于独立的高斯白噪声信号经任意正交旋转后仍是独立的高斯白噪声信号，不可能分离出混合前若干个独立的高斯白噪声源信号。另外，由于高斯信号的高阶累计量为零，因此假设（3）在基于信息论及高阶统计量的盲源分离算法中通常是一个必要条件。

假设（4）中的非平稳性是指源信号的各阶统计量（如均值、方差等）是随时间变化的。基于二阶统计量的盲源分离算法常利用源信号的非平稳性；而在基于信息论及高阶统计量的盲分离理论中，一般并不考虑信号的非平稳性，而是往往假设源信号是平稳随机过程。

假设（5）中的非白特性是指源信号在频域上表现为源信号的各阶或某阶多谱（包括功率谱密度函数）具有非平坦特性；而在信号时域上表现为源信号的非零时间延迟统计量为非零。与假设（4）一样，源信号的非白性假设通常也是出现在基于二阶统计量的盲分离算法中，而在基于信息论及高阶累积量的盲分离算法中很少使用。

假设（6）中关于源信号零均值和单位方差的条件可以很容易地通过中心化和白化来实现。

假设（7）是源信号可以完全分离的必要条件，事实上，混合矩阵列满秩或非奇异条件包含了对观测信号个数与源信号个数之间关系的要求，即观测信号个数大于或等于源信号个数,即 $M \geqslant N$,这就意味着盲源分离问题是适定的(well-determined)或超定的(over-determined)。

2.2.3 盲源分离的不确定性

事实上,在“盲”的范畴里,是不可能实现混合矩阵 $\boldsymbol{A}$ 的完全辨识,这就意味着不可能实现源信号的彻底恢复。即使对盲源分离做了一定的假设,盲源分离解的问题仍然存在两个不确定性[3,70]。

2.2.3.1 排序不确定性

尽管可以将所有的源信号分离出来,但分离信号和源信号的排列顺序可能不同。这一现象可以通过以下数学公式描述:

$$\begin{aligned}\boldsymbol{x}(t)=\boldsymbol{A}\boldsymbol{s}(t)&=[a_1,a_2,\cdots,a_N][s_1(t),s_2(t),\cdots,s_N(t)]^{\mathrm{T}}\\&=[a_{<1>},a_{<2>},\cdots,a_{<N>}][s_{<1>}(t),s_{<2>}(t),\cdots,s_{<N>}(t)]\\&=\bar{\boldsymbol{A}}\bar{\boldsymbol{s}}(t)\end{aligned}\tag{2.5}$$

式中:$\{<1>,<2>,\cdots,<N>\}$ 为 $\{1,2,\cdots,N\}$ 的重新排列。

这相当于同时交换输入信号和混合矩阵之间相对应的位置后,所得到的观测信号向量是相同的。因此,无法仅根据观测信号向量唯一确定源信号的排列顺序以及相应的混合矩阵各列的排列顺序。

2.2.3.2 幅值不确定性

盲源分离问题中的幅值不确定性可以通过以下数学公式描述:

$$\begin{aligned}\boldsymbol{x}(t)=\boldsymbol{A}\boldsymbol{s}(t)&=[a_1,a_2,\cdots,a_N][s_1(t),s_2(t),\cdots,s_N(t)]^{\mathrm{T}}\\&=\left[\frac{a_1}{\alpha_1},\frac{a_1}{\alpha_2},\cdots,\frac{a_N}{\alpha_N}\right][\alpha_1 s_1(t),\alpha_2 s_2(t),\cdots,\alpha_N s_N(t)]^{\mathrm{T}}\\&=\bar{\boldsymbol{A}}\bar{\boldsymbol{s}}(t)\end{aligned}\tag{2.6}$$

式中:α_i 为任意复因子。

这就意味着,每个源信号和与之对应的混合矩阵的列之间互换一个比例因子后,所得到的观测信号向量是相同的。因此,无法仅根据观测信号向量唯一确定源信号幅度。

为了消除幅值不确定性,最自然的想法就是约定各源信号 $\boldsymbol{s}$ 具有单位协方差,即 $E[\boldsymbol{s}\boldsymbol{s}^{\mathrm{T}}]=\boldsymbol{I}$,此时的源信号自相关矩阵为单位矩阵。经过单位化处理后，对于实值信号，可能还存在正、负符号的不确定性，这可以通过对该分量幅值乘以-1 解决。

事实上，盲源分离可以将混合矩阵 $\boldsymbol{A}$ 的可辨识性理解为确定一个与 $\boldsymbol{A}$ 本质相等的矩阵，然后据此求得恢复信号，而恢复出的信号和真实源信号之间存在排序不定性和幅值不定性。尽管存在这两个不确定性，但这并不会影响源信号的识别，因为源信号的大部分信息蕴涵在信号波形中，而不是信号排列次序和幅值上。

2.3 盲源分离的数学基础

盲源分离理论涉及很多相关的数学知识，本节简单介绍一些与 BSS 密切相关的概率论、统计、信息论等方面的数学知识。

2.3.1 概率论与统计基础

2.3.1.1 统计独立性

构成 BSS 基础的一个关键概念是统计独立性。简单地讲，对于任意两个不同的随机变量 x 和 y，如果已知随机变量 x 的值并不能给出随机变量 y 取值的任何信息，反之亦然，即一个随机变量不包含另一个随机变量的任何信息，就认为随机变量 x 和 y 是相互独立的。例如，x 和 y 是毫无关联的两个事件的输出，或者是两个不同的物理过程产生的随机信号。

数学上，统计独立性是通过联合概率密度函数来定义的。称随机变量 x 和 y 为独立的，当且仅当

$$p_{x,y}(x,y) = p_x(x)p_y(y) \tag{2.7}$$

即随机变量 x 和 y 的联合概率密度函数 $p_{x,y}(x,y)$ 等于它们的边缘概率函数 $p_x(x)$ 和 $p_y(y)$ 的乘积。该定义可以很自然地推广到多于两个随机变量的情况。

互相独立的随机变量满足如下基本性质：

$$E\{g(x)h(y)\} = E\{g(x)\}E\{h(y)\} \tag{2.8}$$

式中：$g(x)$、$h(y)$ 分别为 x、y 的任意绝对可积函数。

在概率统计理论中还有一个与独立性相似的概念，即不相关性。如果

$$E\{xy\} = E\{x\}E\{y\} \tag{2.9}$$

则称随机变量是互不相关的。如果信号相互独立,那么它们是互不相关的;如果随机变量是互不相关的,并不能说明它们的相互独立性。因此,不相关是比相互独立弱的一个条件。

2.3.1.2 高阶累积量和峭度

随机变量 x 的特征函数定义为

$$\varphi(\omega) = E\{\exp(\mathrm{j}\omega x)\} = \int_{-\infty}^{\infty} \exp(\mathrm{j}\omega x)p(x)\mathrm{d}x \tag{2.10}$$

式中:$\mathrm{j} = \sqrt{-1}$ 。$\varphi(\omega)$ 通常称为第一特征函数。

随机变量 x 的 k 阶矩定义为

$$m_k = E\{x^k\} \tag{2.11}$$

对特征函数进行泰勒展开,可得

$$\varphi(\omega) = \int_{-\infty}^{\infty} \left(\sum_{k=0}^{\infty} \frac{x^k (\mathrm{j}\omega)^k}{k!}\right) p(x)\mathrm{d}x = \sum_{k=0}^{\infty} E\{x^k\} \frac{(\mathrm{j}\omega)^k}{k!} \tag{2.12}$$

式中:展开的系数 $E\{x^k\}$ 称为随机变量的原点矩,因此第一特征函数又称矩生成函数。

对式(2.12)取自然对数,得到

$$\phi(\omega) = \ln[\varphi(\omega)] = \ln[E\{\exp(\mathrm{j}\omega x)\}] \tag{2.13}$$

$\phi(\omega)$ 称为第二特征函数。再对上式进行泰勒级数展开:

$$\phi(\omega) = \sum_{k=0}^{\infty} \frac{c_k}{k!} (\mathrm{j}\omega)^k \tag{2.14}$$

式中:系数 $c_k = (-\mathrm{j})^k \left.\frac{d^k\phi(\omega)}{d\omega^k}\right|_{\omega=0}$ 称为随机变量 x 的 k 阶累积量; $\phi(\omega)$ 称为累积量生产函数。

一般情况下,常用的有前 4 阶累积量:

均值 $$c_1 = E\{x\} \tag{2.15}$$

均方差 $$c_2 = E\{x^2\} - (E\{x\})^2 \tag{2.16}$$

偏斜度 $$c_3 = E\{x^3\} - 3E\{x^2\}E\{x\} + 2(E\{x\})^2 \tag{2.17}$$

峭度 $$c_4 = E\{x^4\} - 3(E\{x^2\})^2 - 4E\{x^3\}E\{x\} + 12E\{x^2\}(E\{x\})^2 - 6(E\{x\})^4 \tag{2.18}$$

如果随机变量 x 的均值为零,即 $E\{x\} = 0$,那么前 4 阶累积量变成:

$$c_1 = 0 \tag{2.19}$$

$$c_2 = E\{x^2\} \tag{2.20}$$

$$c_3 = E\{x^3\} \tag{2.21}$$

$$c_4 = E\{x^4\} - 3\,(E\{x^2\})^2 \tag{2.22}$$

式(2.22)中的峭度 c_4 又记为 $\mathrm{kurt}(x)$，是用来衡量随机变量非高斯性的一个指标。当 $\mathrm{kurt}(x) = 0$ 时，随机变量服从高斯分布；当 $\mathrm{kurt}(x) > 0$ 时，随机变量服从超高斯分布；当 $\mathrm{kurt}(x) < 0$ 时，随机变量服从亚高斯分布。对于互相独立且均值为零的随机变量 x 和 y，峭度具有如下性质：

(1) $\mathrm{kurt}(x + y) = \mathrm{kurt}(x) + \mathrm{kurt}(y)$

(2) $\mathrm{kurt}(\beta x) = \beta^4 \mathrm{kurt}(x)$

式中：β 为任意常数。

2.3.2 信息论基础

目前的很多盲源分离算法，如 Infomax 算法、FastICA 算法、极大似然估计算法等是以信息论为基础的。下面介绍与 BSS 理论密切相关的信息论基础和一些重要结论。

2.3.2.1 熵

熵(Entropy)是信息论中一个非常重要的概念，通常用来衡量信源发出每一个消息的平均不确定度，概率越小的消息带来的信息量越大，熵也就越大。对于离散随机变量来说，熵的定义为

$$H(X) = -\sum_i P(X = a_i)\log P(X = a_i) \tag{2.23}$$

式中：a_i 为随机事件 X 的可能取值；$P(X = a_i)$ 为随机事件取值 a_i 的概率。

式(2.20)中对数的底可以是任意的，当以 2 为底时，熵的单位是比特(bit)，当取自然对数时，熵的单位是比特(nat)。

对于两个随机变量 X 和 Y，联合熵为

$$H(X,Y) = H(X) + H(Y|X) = H(Y) + H(X|Y) \tag{2.24}$$

式中：$H(X|Y)$ 和 $H(Y|X)$ 为条件熵。

当两个随机变量互相独立时，由于

$$P(X = a_i, Y = b_j) = P(X = a_i)P(Y = b_j) \tag{2.25}$$

因此

$$H(X,Y) = H(X) + H(Y) \tag{2.26}$$

一般情况下,联合熵存在如下关系:

(1) $H(X,Y) \leqslant H(X) + H(Y)$

(2) $H(X|Y) \leqslant H(X)$

(3) $H(Y|X) \leqslant H(Y)$

这里只介绍了离散随机变量的熵,连续随机变量的熵可以参见文献[3,7,65]。

2.3.2.2 Kullback-Leibler 散度

Kullback-Leibler(K-L)散度也称为相对熵,它是两个概率密度函数相似程度的度量。它的定义为

$$\mathrm{KL}(p(x),q(x)) = \int p(x)\log\frac{p(x)}{q(x)}\mathrm{d}x \tag{2.27}$$

式中:$p(x)$ 和 $q(x)$ 为两种概率密度函数。

K-L 散度是用来表征两个概率分布之间差异的测度。K-L 散度具有如下性质:

(1) $\mathrm{KL}(p(x),q(x)) \geqslant 0$

(2) $\mathrm{KL}(p(x),p(x)) = 0$

(3) 一般情况下, $\mathrm{KL}(p(x),q(x)) \neq \mathrm{KL}(q(x),p(x))$

由性质(3)可知, $\mathrm{KL}(p(x),q(x))$ 不满足距离的对称性要求,所以 K-L 散度不是一个真正的度量,不宜称为 K-L 距离。

2.3.2.3 互信息

互信息是变量之间统计独立性的一种度量,记为 $I(x,y)$,可以直观地理解为某一事件 X 所给出的关于另一个事件 Y 的信息。对于两个离散的随机变量 X 和 Y ,它们的互信息定义为

$$I(X,Y) = H(X) - H(X|Y) \tag{2.28}$$

根据熵的定义,有如下等式成立:

$$I(X,Y) = H(Y) - H(Y|X) = I(Y,X) = H(X) + H(Y) - H(XY) \tag{2.29}$$

上式说明,从 Y 的信息量中去掉在 X 已知条件下 Y 的信息量,就是两者间的互信息。也就是说,互信息反映了每个分量中携带的关于另一个分量的信息量,当各个分量相互独立时,互信息为零,即每个分量都不包含关于其他分量的信息。

对于一个 m 维随机向量 $\boldsymbol{x}=(x_1,x_2,\cdots,x_m)^{\mathrm{T}}$，它的互信息可以定义为

$$I(\boldsymbol{x})=\sum_{i=1}^{m}H(x_i)-H(\boldsymbol{x}) \tag{2.30}$$

根据 K-L 散度与互相信息之间的关系，可得 $I(\boldsymbol{x})\geqslant 0$，显然

$$\sum_{i=1}^{m}H(X_i)\geqslant H(\boldsymbol{X}) \tag{2.31}$$

式(2.31)中等号只有在互信息为零时成立，即 $I(X)=0$。需要强调的是，下面的互信息不等式对于理解 BSS 算法特别重要，即

$$I(\boldsymbol{x})\geqslant 0 \tag{2.32}$$

2.3.2.4 负熵

负熵和峭度一样，经常用作对随机变量的非高斯性进行度量。随机向量 $\boldsymbol{x}$ 的负熵定义为

$$J(x)=H(x_{\text{gauss}})-H(x) \tag{2.33}$$

式中：$\boldsymbol{x}_{\text{gauss}}$ 为与 $\boldsymbol{x}$ 有相同协方差矩阵的高斯型随机向量。

$\boldsymbol{x}_{\text{gauss}}$ 的熵为

$$H(\boldsymbol{x}_{\text{gauss}})=\frac{1}{2}\log|\det(\boldsymbol{\Sigma})|+\frac{n}{2}[1+\log 2\pi] \tag{2.34}$$

式中：$\boldsymbol{\Sigma}$ 为随机向量 $\boldsymbol{x}$ 的协方差矩阵；n 为随机向量的维数。

在所有具有等方差的随机向量中，高斯型随机向量的熵最大。因此，负熵有非负性，当且仅当随机变量服从高斯分布，负熵才等于零。

在线性变换下，负熵还具有尺度不变性。对于 $\boldsymbol{x}$ 的线性变换 $\boldsymbol{y}=\boldsymbol{Mx}$，可得

$$\begin{aligned}
J(y)&=J(\boldsymbol{Mx})\\
&=\frac{1}{2}\log|\det(\boldsymbol{M\Sigma M}^{\mathrm{T}})|+\frac{n}{2}[1+\log 2\pi]-(H(\boldsymbol{x})+\log|\det(\boldsymbol{M})|)\\
&=\frac{1}{2}\log|\det(\boldsymbol{\Sigma})|+2\,\frac{1}{2}\log|\det(\boldsymbol{M})|+\frac{n}{2}[1+\log 2\pi]-H(\boldsymbol{x})-\log|\det(\boldsymbol{M})|\\
&=\frac{1}{2}\log|\det(\boldsymbol{\Sigma})|+\frac{n}{2}[1+\log 2\pi]-H(\boldsymbol{x})\\
&=H(\boldsymbol{x}_{\text{gauss}})-H(\boldsymbol{x})\\
&=J(\boldsymbol{x})
\end{aligned} \tag{2.35}$$

使用负熵作为非高斯性度量的好处在于它具有严格的统计理论背景，负熵在一定程度上可以说是非高斯性的最优估计。然而根据定义，估计负熵需要首先对随机变量的概率密度函数进行估计，这就会使得计算困难或是不切

实际的。鉴于此,通常采用近似的方法计算负熵。文献[2]给出了简单且有效的负熵近似公式:

$$J(\boldsymbol{x}) \approx \sum_{i=1}^{n}\left[E\{G(x_i)\} - E\{G(\boldsymbol{v}_i)\}\right]^2 \tag{2.36}$$

式中:$\boldsymbol{v}$ 为零均值和单位方差的高斯随机变量;G 为任意非二次型函数,在实际计算过程中,下面几个函数 G 被证实是非常有用的[2],即

$$G_1(\boldsymbol{x}) = \frac{1}{a_1}\mathrm{logcosh}(a_1\boldsymbol{x}) \tag{2.37}$$

$$G_2 = -\exp(-\boldsymbol{x}^2/2) \tag{2.38}$$

$$G_3 = \frac{1}{4}\boldsymbol{x}^4 \tag{2.39}$$

其中:$1 \leqslant a_1 \leqslant 2$ 比较合适,通常取 $a_1 = 1$。

2.4 盲源分离的预处理

在实际中,为了简化 BSS 问题的复杂性,在进行 BSS 分析之前需要对观测数据进行预处理。一般地,BSS 预处理包括两个步骤:一是信号的中心化,即去均值;二是信号的白化,又称球化、归一化的空间解相关。

2.4.1 中心化

在绝大多数的 BSS 算法中用到了假设源信号是零均值信号,因此,在求解 BSS 问题时需要对传感器信号进行分离前的零均值处理。中心化处理即是完成信号去均值操作,是把每一组观测数据 $\boldsymbol{x}(t)$ 减去其均值 $E\{\boldsymbol{x}(t)\}$,使 $\boldsymbol{x}(t)$ 成为零均值变量。对原始观测信号 $\boldsymbol{x}(t)$ 进行中心化:

$$\boldsymbol{x}'(t) = \boldsymbol{x}(t) - E\{\boldsymbol{x}(t)\} \tag{2.40}$$

这样各独立源信号也同时变为零均值向量,因为

$$\begin{aligned}\boldsymbol{y}'(t) &= \boldsymbol{W}\boldsymbol{x}'(t)\\ &= \boldsymbol{W}(\boldsymbol{x}(t) - E\{\boldsymbol{x}(t)\})\\ &= \boldsymbol{W}\boldsymbol{x}(t) - \boldsymbol{W}E\{\boldsymbol{x}(t)\}\\ &= \boldsymbol{W}\boldsymbol{x}(t) - E\{\boldsymbol{W}\boldsymbol{x}(t)\}\\ &= \boldsymbol{y}(t) - E\{\boldsymbol{y}(t)\}\end{aligned} \tag{2.41}$$

可见，在中心化预处理的过程中，混合矩阵 $\boldsymbol{A}$ 始终保持不变，即中心化并不会影响 BSS 对混合矩阵 $\boldsymbol{A}$ 的估计。在完成 BSS 分析后，源信号可以通过加上 $\boldsymbol{W}E\{\boldsymbol{x}(t)\}$ 来恢复。

2.4.2 白化

白化用以去除观测信号之间的相关性，得到具有单位方差的信号，即将去均值后的观测信号 $\boldsymbol{x}'(t)$ 进行线性变换 Q，得到

$$\boldsymbol{z}(t) = Q\boldsymbol{x}'(t) \tag{2.42}$$

满足 $E\{\boldsymbol{z}(t)\boldsymbol{z}^{\mathrm{T}}(t)\} = \boldsymbol{I}$。式中，$\boldsymbol{z}(t)$ 中各分量互不相关。

白化处理的主要方法有主成分分析方法、自适应方法、稳健白化方法。

2.4.2.1 主成分分析方法

多维数据由于变量的个数很多，并且彼此之间往往存在一定的相关关系，因此观测数据所反映的信息在一定程度上有所重叠。PCA 将多个相关变量简化为少数几个不相关变量的线性组合，经变换和舍弃一部分信息，使这些不相关变量尽可能最大限度地反映原来变量所表示的信息，从而实现高维变量空间到低维空间的转换。

设 $\boldsymbol{C}_x$ 为去均值信号的协方差矩阵，$\boldsymbol{C}_x = E\{x'(t)x'^{\mathrm{T}}(t)\}$，将其进行特征值分解，可得

$$\boldsymbol{C}_x = \boldsymbol{U}\boldsymbol{D}\boldsymbol{U}^{\mathrm{T}} \tag{2.43}$$

式中：$\boldsymbol{D}$ 为对角矩阵，$\boldsymbol{D} = \mathrm{diag}[\lambda_1, \lambda_2, \cdots, \lambda_M]$，且 $\lambda_1 \geqslant \lambda_2 \geqslant \cdots \geqslant \lambda_M \geqslant 0$，称 λ_i 为 $\boldsymbol{C}_x$ 的特征根；$\boldsymbol{U}$ 的各列 $u_1, u_2, \cdots, u_M$ 称为特征向量。

则可以得到白化矩阵

$$\boldsymbol{Q} = \boldsymbol{D}^{(-1/2)}\boldsymbol{U}^{\mathrm{T}} \tag{2.44}$$

PCA 预处理选取的数据维数会小于原数据维数，从而达到降维的作用。数据降维的一个主要好处是可以降噪，因为通常忽略掉的维数中主要含有噪声。PCA 预处理的另一个好处是可以防止过学习。

2.4.2.2 自适应方法

自适应盲源分离方法[101]（Equivariant Adaptive Source Separation）可以用下式表示：

$$\boldsymbol{Q}(t+1) = \boldsymbol{Q}(t) + \mu(t)(\boldsymbol{I} + \boldsymbol{q}(t)\boldsymbol{q}^{\mathrm{T}}(t))\boldsymbol{Q}(t) \tag{2.45}$$

式中：$\boldsymbol{q}(t)=\boldsymbol{Q}(t)\boldsymbol{x}'(t)$，$\boldsymbol{Q}(t)$ 为白化矩阵；$\mu(t)$ 为步长因子，文献[102]给出了步长因子的表达式，即

$$\mu(t)=\frac{1}{\dfrac{\gamma}{\mu(t-1)}+\|q(t)\|_2^2},\quad \mu(0)=\frac{1}{\|q(0)\|_2^2} \tag{2.46}$$

其中：γ 为遗忘因子，$0\leqslant\gamma\leqslant1$，典型的范围是 $0.9\leqslant\gamma\leqslant1$。

2.4.2.3 稳健白化方法

该方法的实现步骤如下[103]：

(1) 计算观测信号在不同时延 τ_j 下的协方差矩阵 $\boldsymbol{C}_x(\tau_j)$，并调整为

$$\boldsymbol{M}_x(\tau_j)=\frac{1}{2}[\boldsymbol{C}_x(\tau_j)+\boldsymbol{C}_x^{\mathrm{T}}(\tau_j)] \tag{2.47}$$

式中：时延 $\tau_j\ (j=1,2,\cdots,J)$ 将 $\boldsymbol{M}_x(\tau_j)$ 组合成一个大矩阵，即

$$\boldsymbol{M}=[\boldsymbol{M}_x(\tau_1),\boldsymbol{M}_x(\tau_2),\cdots,\boldsymbol{M}_x(\tau_J)] \tag{2.48}$$

其中：$\boldsymbol{M}\in R^{m\times m_J}$，将其进行奇异值分解，可得

$$\boldsymbol{M}=\boldsymbol{U\Sigma V}^{\mathrm{T}} \tag{2.49}$$

其中：$\boldsymbol{U}$、$\boldsymbol{\Sigma}$、$\boldsymbol{V}$ 分别为 $R^{m\times m}$ 正交矩阵、有奇异值组成的对角矩阵、$R^{m_J\times m_J}$ 正交矩阵。

(2) 随机选取参数矩阵 $\boldsymbol{\alpha}=[\alpha_1,\alpha_2,\cdots,\alpha_J]$，对每一个时延 τ_j，计算

$$\boldsymbol{F}_j=\boldsymbol{U}^{\mathrm{T}}\boldsymbol{M}_x(\tau_j)\boldsymbol{U} \tag{2.50}$$

进行线性组合，可得

$$\boldsymbol{F}=\sum_{j=1}^{J}\alpha_j\boldsymbol{F}_j \tag{2.51}$$

判断矩阵 $\boldsymbol{F}$ 是否满足正定性，如果矩阵 $\boldsymbol{F}$ 是正定的，那么转到步骤(4)，否则转到步骤(3)。

(3) 根据式(2.51)矩阵 $\boldsymbol{F}$ 的最小特征值所对应的特征向量 $\boldsymbol{u}$ 构成的变化量 δ 来调整参数 α：

$$\alpha_{\mathrm{new}}=\alpha_{\mathrm{old}}+\delta=\alpha_{\mathrm{old}}+\frac{[u^{\mathrm{T}}F_1u\cdots u^{\mathrm{T}}F_Ju]^{\mathrm{T}}}{\|[u^{\mathrm{T}}F_1u\cdots u^{\mathrm{T}}F_Ju]^{\mathrm{T}}\|} \tag{2.52}$$

然后转至步骤(2)，直到矩阵 $\boldsymbol{F}$ 满足正定性。

(4) 计算目标矩阵 $\boldsymbol{C}$：

$$\boldsymbol{C}=\sum_{j=1}^{J}\alpha_j\boldsymbol{M}_x(\tau_j) \tag{2.53}$$

对其做特征值分解，可得

$$C = UDU^{\mathrm{T}} \tag{2.54}$$

式中：D、U 分别为特征值矩阵和特征向量矩阵。

（5）计算白化矩阵：

$$Q = D^{-\frac{1}{2}}U^{\mathrm{T}} \tag{2.55}$$

从而白化信号为

$$z(t) = Qx(t) \tag{2.56}$$

一般来说，盲源分离使用白化处理后，收敛速度更快，并且可获得更好的稳定性能。

2.5 盲源分离的目标函数

BSS 实际上是一个优化问题，因为该优化问题没有唯一解，所以只能在衡量独立性的目标函数（优化判据）下寻求其最优近似解。可见，目标函数是 BSS 的一个核心问题。

1990 年，Gaeta 利用概率密度函数提出极大似然估计（Maximum Likelihood Estimation，MLE）准则[104]，MLE 以两个概率密度之间距离的 K-L 散度作为目标函数。1995 年，Bell[105] 提出信息最大化（Information Maximization，Infomax）目标函数，它的基本思想是要求网络从输入通过非线性输出分量去最大化输出熵，所以又称为最大熵（Maximum Entropy，ME）目标函数。1996 年，Amari 和 Cichocki 等[106] 提出互信息最小化（Minimum Mutual Information，MMI）目标函数，它以源信号独立性为前提，要求网络各输出分量之间的相依性最小。1997 年，Cardoso[107] 证明了上述三种目标函数的等价性。1999 年，Hyvärinen[62] 提出基于中心极限定理的非高斯性最大化目标函数，该目标函数提出的依据是多个独立分量的和的分布在一定条件下趋向于高斯分布，当输出达到最大非高斯性时，则获得独立分量。

2.5.1 基于极大似然估计的目标函数

极大似然估计是估计理论中一种应用比较广泛的方法，具有一致性、方差最小、全局最优等优点，缺点是需要输入信号概率分布函数的先验知识。

下面结合 BSS 模型介绍 MLE 的含义，考虑无噪声 BSS 模型，寻找的分离

矩阵 $\boldsymbol{W}=\boldsymbol{A}^{-1}$,恢复的信源 $\boldsymbol{y}(t)=\boldsymbol{W}\boldsymbol{x}(t)$,选择 $\boldsymbol{A}$ 使 $\log p(\boldsymbol{x}|A)$ 达到最大便称为极大似然估计。它的期望值

$$E\{\log p(\boldsymbol{x}|\boldsymbol{A})\} = \int p(\boldsymbol{x})\log p(\boldsymbol{x}|\boldsymbol{A})\mathrm{d}\boldsymbol{x} \hat{=} L(\boldsymbol{A}) \tag{2.57}$$

就是计算时的目标函数。因此,MLE 的含义就是选择 $\boldsymbol{A}$ 使 $L(\boldsymbol{A})$ 极大。

一次观测的对数似然函数为[6]

$$\log\ell(\boldsymbol{x}) = \log p(\boldsymbol{x}\mid\boldsymbol{W},\boldsymbol{y}) = \log|\det\boldsymbol{W}| + \sum_{i=1}^{n}\log p(\boldsymbol{y}_i) \tag{2.58}$$

式中:n 为独立同分布观测样本数。

对于一批 T 次观测,对数似然函数表示为

$$\begin{aligned} L(\boldsymbol{W}) &= \log|\det\boldsymbol{W}| + \frac{1}{T}\sum_{t=1}^{T}\sum_{i=1}^{n}\log p(y_i(t)) \\ &= \log|\det\boldsymbol{W}| + \frac{1}{T}\sum_{t=1}^{T}\sum_{i=1}^{n}\log p\Big(\sum_{j}\boldsymbol{W}_{ij}\boldsymbol{x}_j(t)\Big) \\ &= \log|\det\boldsymbol{W}| - \sum_{i=1}^{n}H_i(y_i) \end{aligned} \tag{2.59}$$

显然,极大化此似然函数可以获得分离矩阵 $\boldsymbol{W}$ 的最优估计。

2.5.2 基于互信息最小化的目标函数

Cardoso[108]证明了极大似然分离矩阵等效于由最大独立恢复信源所得到的分离矩阵。恢复信源的互信息,也是联合的恢复信源密度与各个边缘密度乘积之间的 K-L 散度,即有

$$\begin{aligned} I(\boldsymbol{y}) &= \int p(\boldsymbol{y})\log\frac{p(\boldsymbol{y})}{\prod_{i=1}^{n}p(y_i)} \\ &= \int p(\boldsymbol{y})\log p(\boldsymbol{y})\mathrm{d}\boldsymbol{y} + \sum_{i=1}^{n}H_i(\boldsymbol{y}_i) \\ &= -\log|\det\boldsymbol{W}| - H(\boldsymbol{x}) + \sum_{i=1}^{n}H_i(\boldsymbol{y}_i) \end{aligned} \tag{2.60}$$

式中:$H(\boldsymbol{x})$ 为观测信号 $\boldsymbol{x}$ 的熵,$H(\boldsymbol{x}) = \int p(\boldsymbol{x})\log p(\boldsymbol{x})\mathrm{d}x$ 。

比较式(2.59)与式(2.60),可得

$$I(\boldsymbol{y}) = -H(\boldsymbol{x}) - L(\boldsymbol{W}) \tag{2.61}$$

由于 $H(\boldsymbol{x})$ 是恒定常数,因此式(2.61)表明极大似然性等效于恢复信源之间的互信息最小化。

2.5.3 基于非高斯最大化的目标函数

非高斯性的存在是 BSS 的前提条件,如果随机变量都是高斯分布,BSS 就没有研究的必要。实际上,自然界中的大部分随机信号是超高斯或亚高斯分布,满足高斯分布的很少,因此 BSS 具有极其重要的意义和广泛的应用前景。基于非高斯极大的 BSS 思想来自于中心极限定理,该定理表明,当一组均值和方差为同一数量级时,随机变量共同作用的结果必接近于高斯分布。因此,如果观测信号是多个独立源的线性组合,那么观测信号比源信号更接近于高斯分布,或者说源信号的非高斯性比观测信号的非高斯性要强。根据这一思想,可以对分离结果的非高斯进行度量,当其非高斯性达到最大时,就认为实现了最佳分离[3]。

在实际计算中,非高斯性程度通常采用四阶累积量(峭度)表示:

$$\mathrm{kurt}(\boldsymbol{x}) = E\{x^4\} - 3(E\{\boldsymbol{x}^2\})^2 \tag{2.62}$$

对于零均值、单位方差的随机变量,式(2.62)变为

$$\mathrm{kurt}(\boldsymbol{x}) = E\{\boldsymbol{x}^4\} - 3 \tag{2.63}$$

当随机变量为高斯分布时,峭度为零,而超高斯分布的峭度为正值,亚高斯分布的峭度为负值,且非高斯性越强,峭度的绝对值越大。在现实中,超高斯和亚高斯信号都是普遍存在的,例如话音信号一般为超高斯分布,自然景物图像一般为亚高斯分布,生物医学信号既有超高斯分布又有亚高斯分布。

另一种用于描述随机变量非高斯的方法是负熵。根据负熵定义,可以发现负熵的值总是非负的。只有当随机信号为高斯分布时,负熵才为零;且在等方差限定条件下,随机信号的非高斯性越强,其负熵值越大。

2.6 盲源分离的优化算法

2.5 节介绍了优化目标函数,优化的另一个关键问题是如何确定 BSS 模型中解混系统的参数(一步法情况下指矩阵 $\boldsymbol{W}$;两步法情况下指球化阵 $\boldsymbol{Q}$ 和正交归一阵 $\boldsymbol{U}$,如图 2.1 所示),使目标函数达到极小或极大。和一般信号处理问题一样,解决这一步的具体途径大致分为两类,即批处理(batch processing)和自适应处理(adaptive processing)。这两类方法都是一次性计算出全部独立分量,还有一种逐层分离的方法,是按照一定的次序把各独立分量逐次提取出来,每提取一个就把该分量从原始信号中除掉,在进行下一轮提取。

2.6.1 批处理算法

批处理是指依据一批已经取得的数据来进行处理,而不是随着数据的不断输入做递归式处理。因为该方法适合离线数据处理,所以又称为离线方法。在早期,该方法的代表为 Comon 提出的建立在成对数据逐次旋转基础上的雅可比法,由于算法计算比较繁琐,效果也不太好,实际应用较少。法国学者 Cardoso 对原始算法加以改进后提出一种建立在“四阶累积量矩阵对角化概念”基础上的联合近似对角化(JADE)法,性能有所提高。此外,还有一些其他的批处理算法,如把 Maxkurt 法和 JADE 法结合起来的混合方法(也称为移位阻断盲分离(SHIBSS)法)、建立在四阶统计量基础上的四阶盲辨识(FOBI)法等。

雅可比算法一般进行去相关正交的预处理,其原理是随机向量 $\boldsymbol{X}$ 中各分量之间两两独立等效于各分量互相独立。利用这一原理,可以把白化的随机向量 $\boldsymbol{X}$ 中任意两分量通过正交坐标变换旋转(Givens 旋转)满足优化要求。如此依次两两组合遍及全体,并且反复进行,直到收敛。之所以必须反复进行,是因为后续的成对旋转可能会影响之前的旋转结果。

FOBI 算法是 Cardoso 在 1989 年提出的利用四阶统计量分解独立信源及辨识混合矩阵的方法,它是之后出现的 JADE 算法的前身。FOBI 算法的变种(扩展的 FOBI 算法和 AMUSE 算法)是考虑信源被噪声污染的情况下进行能量特征谱去噪,以获得较为干净的待分离信号。

JADE(即特征矩阵联合近似对角化)算法建立在四阶累积量的基础上,利用了高阶统计量进行盲分离。在信源包含两个以上高斯分布时,分解性能较差,引入建立在延时互相关阵基础上的二阶盲辨识法,使其结合起来进行盲源分离是批处理一种有效的改进方法。

2.6.2 自适应算法

自适应算法可以随着数据的陆续取得而逐步更新处理其参数,使输出结果逐步逼近期望结果,对于 BSS 问题,输出结果趋于输出各分量互相独立。该算法在每次迭代过程中,只使用最后观测到的数据,而不是批处理算法的方式:使用所有观测到的数据。因此,该算法又称为在线处理法。自适应算法的优点是算法简单;缺点是由于主要受某一时刻所测数据的影响,对野值敏感,算法波动比较大,使得算法收敛速度较慢。各国学者已经发展出不同的改进算法,以弥补这些不足。因此,自适应算法,特别是结合人工神经网络的自适应算法,目前的应用范围要比批处理更广泛。

图 2.2 是递归型自适应处理过程,其中,$\boldsymbol{A}$ 为混合矩阵,自适应处理器用来调整解混矩阵 $\boldsymbol{C}(k)$ 的参数, k 是递归序号。

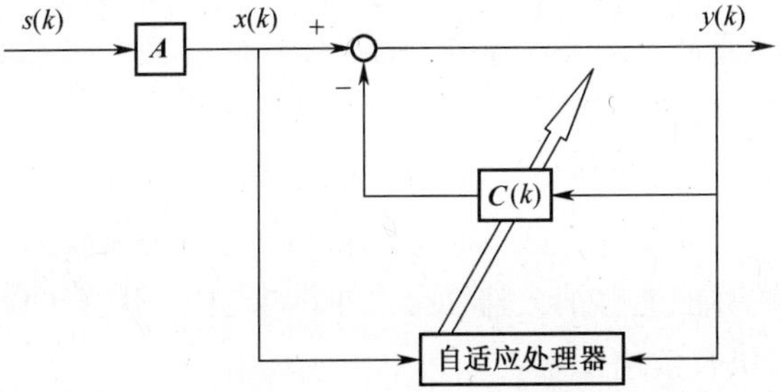

图 2.2 递归型自适应处理过程

图 2.3 是前馈型自适应处理过程,其中,$\boldsymbol{A}$ 为混合矩阵, $\boldsymbol{W}(k)$ 为待调节的解混矩阵,自适应处理器用来调整解混矩阵 $\boldsymbol{W}(k)$ 的参数。

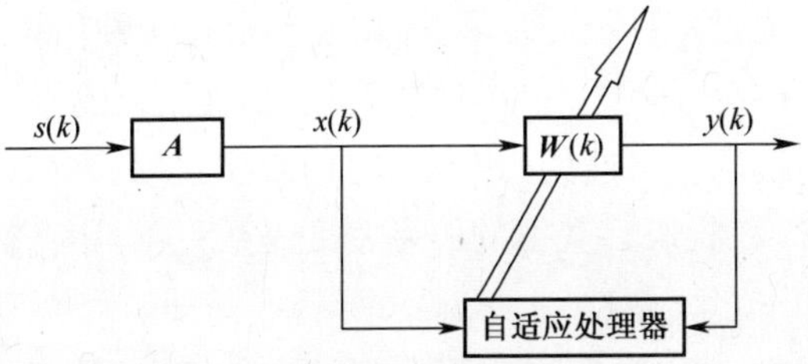

图 2.3 前馈型自适应处理过程

前馈型与递归型两种模型之间的关系为

$$\boldsymbol{W} = (\boldsymbol{I} + \boldsymbol{C})^{-1}$$

从实际计算的角度看,自适应处理包括以下基本问题:

(1) 处理器的类型,除了前馈型和递归型两种类型,是否还有其他类型的结构。

(2) 算法所依据的目标函数,需要说明的是在线的自适应算法要把理论上的目标函数“瞬时化”,即用某一时刻的瞬时量代替理论中的总集统计量。

(3) 学习算法,常用的有随机梯度法和共轭梯度法,目前更多采用的是自然梯度法和相对梯度法。

如果从理论上探讨,则还应该包括以下基本问题:

(1) 可解性,即逆系统的可辨识性。

(2) 逆模型的唯一性及输出结果的稳定性。

(3) 学习算法的收敛性及收敛速度。

(4) 评估信号源的准确度。

随机梯度法是最基本的优化学习算法,它的原理是确定一个目标函数 ε ,ε 通常是解混矩阵 $\boldsymbol{W}$ 的函数,以梯度 $\partial\varepsilon/\partial\boldsymbol{W}$ 为指导来调节 $\boldsymbol{W}$,得到最终的优化结果。$\partial\varepsilon/\partial\boldsymbol{W}$ 通常与 $\boldsymbol{x}(k)$ 、$\boldsymbol{y}(k)$ 的统计特征有关。如果把理论上的统计特征用单样本的估计代替,便是随机梯度算法。

自然梯度和相对梯度算法是在随机梯度算法上加以改进:自然梯度选择曲面坐标最陡方向为下降方向;而相对梯度则选择在领域选择面展开代替线展开。改进后的算法能够消去迭代公式中的求逆项,这样可以减小计算量,避免出现病态,加快收敛速度。

2.6.3 逐层分离法

批处理算法与自适应算法是针对批量数据和实时数据的不同处理手段,逐层分离法实际上是一种批处理算法,但它与上述两种传统方法又有所不同。顾名思义,逐层分离法是一个一个地按特定方向逐步分离出各个信源。这个特定方向该如何选取?自然的想法是应取“最独立”的方向[3,7]。

在实际中常以“投影后数据的概率密度函数(pdf)距离高斯分布最远”为其度量。理由如下:

由混合过程 $\boldsymbol{x}(t)=\boldsymbol{As}(t)$ 及解混过程 $\boldsymbol{y}(t)=\boldsymbol{Wx}(t)$,可得

$$y(t)=\boldsymbol{WAs}(t)=\boldsymbol{Vs}(t)$$

式中:$\boldsymbol{V}=\boldsymbol{WA}$ 。

因此,对各分量 $y_j(\boldsymbol{t})$,有

$$y_j(t)=\sum_{i=1}^{N}g_{ij}s_i$$

显然,这是一个线性组合,根据中心极限定理,如果各分量 $s_i(t)$ 都是非高斯的,则 $y_j(t)$ 比 $s_i(t)$ 更接近高斯分布。当各 v_{ij} ($i=1,2,\cdots,N$)中只有一个

(如 v_{kj})等于 1,其余均为 0 时, $y_j(t)=s_k$,此时的 $y_j(t)$ 距离高斯分布最远。实际上,$\boldsymbol{A}$ 是未知且不可调节的,因此只能通过改变 $\boldsymbol{W}$ 矩阵中的元素使 $y_j(t)$ 的分布非高斯最强。

目前,已经提出了多种方法,如芬兰学者 Hyvärinen 等[2]提出的固定点算法(fixed point algorithm),还有梯度算法、基于 Givens 旋转因子乘积法等。逐层分离法在提取一个信号后,一般要添加一步正交化步骤,把已经提取出来的分离去除掉。

2.7 基于盲源分离的信噪分离

在结构动力检测中,传感器采集到的振动信号不可避免地混入各种噪声,甚至在信号局部形成强干扰,完全掩盖结构的真实信息,造成分析结果不可靠,所以信号降噪显得十分必要[109]。

加性噪声的消除方法有很多,如相干平均法、小波变换法等。但是,几乎每一种降噪方法均存在不足:相干平均法假设真实信号为确定性信号,且需要大量的观测样本,每次观测相加时需要借助一个同步脉冲来控制样本的“对齐”;小波变换法凭借先验知识确定的阈值有可能将部分真实信号滤除掉[67];BSS 技术广泛应用于图像降噪、机械振动信号降噪等方面[1,2,8],并取得了较好的降噪效果。迄今为止,使用 BSS 分离结构振动信号的研究并不多[110,111],因此,很有必要研究 BSS 对结构信号的分离和降噪效果。

大型工程结构采集到的观测信号不可避免地掺杂噪声干扰,这些噪声大部分来自独立于有用信号的干扰源,因此可以把有用信号看作一个源信号,噪声看作另一个源信号,它们满足 BSS 独立性条件,理论上可以运用 BSS 分离出真实有用信号分量和噪声分量,达到降噪的目的。

FastICA 和 SOBI 是 BSS 算法中的两种经典算法,因此本节主要研究 FastICA 和 SOBI 两种算法在结构振动信噪分离中的应用。

2.7.1 FastICA 基本理论

FastICA 算法[2]又称固定点算法,是由芬兰学者 Hyvärine 等于 1999 年提出来的。FastICA 算法是一种快速寻优迭代算法,与普通的神经网络算法不同的是这种算法采用了批处理的方式,即在每一步迭代中有大量的样本数据参与运算。但是从分布式并行处理的观点看该算法仍可称为是一种神经网络算法。

ICA 算法有基于峭度、基于似然最大、基于负熵最大等形式。这里,介绍基于负熵近似估计的 FastICA 算法,该算法能够实现在峭度和负熵两个经典的非高斯变量之间取得很好的折中,概念简单、计算量小,且具有良好的统计特性,特别是鲁棒性。FastICA 算法以负熵最大作为一个搜寻方向,可以实现顺序地提取独立源,该算法采用了定点迭代的优化算法,使得收敛更加快速、健壮。

定义近似负熵:

$$J(\boldsymbol{x}) \propto [E\{G(\boldsymbol{x})\} - E\{G(\boldsymbol{\nu})\}]^2 \tag{2.64}$$

式中:$G(\cdot)$ 为任意非二次型函数,下面三个 $G(\cdot)$ 函数已被证实是非常有用的[2],即

$$G_1(\boldsymbol{y}) = \frac{1}{a_1}\log\cosh a_1\boldsymbol{y} \tag{2.65}$$

$$G_2(\boldsymbol{y}) = -\exp(-\boldsymbol{y}^2/2) \tag{2.66}$$

$$G_3(\boldsymbol{y}) = \frac{1}{4}\boldsymbol{y}^4 \tag{2.67}$$

式中,$1 \leqslant a_1 \leqslant 2$ 比较合适,通常取 1。

采用式(2.64)作为独立性判据,并考虑相应的标准化过程

$$E\{(\boldsymbol{w}^{\mathrm{T}}\boldsymbol{z})^2\} = \| w \|^2 = 1$$

可以得到如下算法:

$$\Delta \boldsymbol{w} \propto \frac{\partial J(\boldsymbol{y})}{\partial \boldsymbol{w}} = \gamma E\{\boldsymbol{z}\boldsymbol{g}(\boldsymbol{w}^{\mathrm{T}}\boldsymbol{z})\} \tag{2.68}$$

式中:$\boldsymbol{y} = \boldsymbol{w}^{\mathrm{T}}\boldsymbol{z}$;$\boldsymbol{w}$ 为分离矩阵中的 n 维权值向量;$\boldsymbol{z}$ 为观测随机量 $\boldsymbol{x}$ 经中心化和白化处理的结果;$\gamma = E\{G(\boldsymbol{w}^{\mathrm{T}}\boldsymbol{z})\} - E\{G(\boldsymbol{\nu})\}$,$\boldsymbol{\nu}$ 为标准化的高斯随机变量(均值为零、方差为 1 的随机变量);$g(\cdot)$ 为式(2.64)中非二次型函数 $G(\cdot)$ 的导数。

进入稳态时,$\Delta w = 0$,由此可得固定点迭代的两步算式:

$$\boldsymbol{w}^+ = E\{zg(\boldsymbol{w}^{\mathrm{T}}z)\} \tag{2.69}$$

$$\boldsymbol{w} \leftarrow \frac{\boldsymbol{w}^+}{\| \boldsymbol{w}^+ \|} \tag{2.70}$$

由于有第二步的归一化处理,因此第一步的 γ 可以忽略。

实践证明此算法的收敛性并不理想。为了改进收敛性能,采用牛顿迭代

算法。注意到 $\boldsymbol{w}^{\mathrm{T}}\boldsymbol{z}$ 的近似负熵的极大值通常在 $E\{G(\boldsymbol{w}^{\mathrm{T}}\boldsymbol{z})\}$ 的极值点处取得。根据拉格朗日条件，当 $E\{(\boldsymbol{w}^{\mathrm{T}}\boldsymbol{z})^2\} = \|\boldsymbol{w}\|^2 = 1$ 时，极值在以下条件成立：

$$E\{zg(\boldsymbol{w}^{\mathrm{T}}z)\} + \beta\boldsymbol{w} = 0 \tag{2.71}$$

式中：β 为拉格朗日系数。

用 F 表示式(2.71)的左边，求得其梯度为

$$\frac{\partial F}{\partial \boldsymbol{w}} = E\{zz^{\mathrm{T}}g'(\boldsymbol{w}^{\mathrm{T}}z)\} + \beta\boldsymbol{I} \tag{2.72}$$

为了简化矩阵求逆，对式(2.72)中的第一项进行近似。由于 z 是球化数据，所以有如下近似关系：

$$E\{zz^{\mathrm{T}}g'(\boldsymbol{w}^{\mathrm{T}}z)\} = E\{zz^{\mathrm{T}}\}E\{g'(\boldsymbol{w}^{\mathrm{T}}z)\} = E\{g'(\boldsymbol{w}^{\mathrm{T}}z)\}\boldsymbol{I} \tag{2.73}$$

这时梯度变成了对角矩阵，可以简单求逆。因此，得到近似的牛顿迭代算法：

$$\begin{cases} \boldsymbol{w}^{+} = \boldsymbol{w} - \dfrac{E\{zg(\boldsymbol{w}^{\mathrm{T}}z)\} + \beta\boldsymbol{w}}{E\{g'(\boldsymbol{w}^{\mathrm{T}}z)\} + \beta} \\ \boldsymbol{w} \leftarrow \dfrac{\boldsymbol{w}^{+}}{\|\boldsymbol{w}^{+}\|} \end{cases} \tag{2.74}$$

对式(2.74)两边同乘以 $\beta + E\{g'(\boldsymbol{w}^{\mathrm{T}}z)\}$，进一步简化得到

$$\begin{cases} \boldsymbol{w}^{+} = E\{zg(\boldsymbol{w}^{\mathrm{T}}z)\} - E\{g'(\boldsymbol{w}^{\mathrm{T}}z)\}\boldsymbol{w} \\ \boldsymbol{w} \leftarrow \dfrac{\boldsymbol{w}^{+}}{\|\boldsymbol{w}^{+}\|} \end{cases} \tag{2.75}$$

式(2.75)是 FastICA 算法中固定点迭代的基本公式。

基于负熵的 FastICA 算法步骤如下[2,16]：

(1) 对测量数据 $\boldsymbol{x}$ 进行中心化使其均值为零；

(2) 对数据进行白化，得到 z；

(3) 选择要估计的独立成分的个数 m；

(4) 初始化所有的 $\boldsymbol{w}_i (i = 1,2,\cdots,m)$，其中每一个 w_i 都具有单位范数，用下面步骤(6)的方法对矩阵 $\boldsymbol{W}$ 进行正交化；

(5) 对每一个 $i = 1,2,\cdots,m$，更新 $\boldsymbol{w}_i$，即 $\boldsymbol{w}_i \leftarrow E\{\boldsymbol{x}g(\boldsymbol{w}_i^{\mathrm{T}}\boldsymbol{x})\} - E\{g'(\boldsymbol{w}_i^{\mathrm{T}}\boldsymbol{x})\}\boldsymbol{w}_i$，其中 g 为 $G(\cdot)$ 的一阶导数；

(6) 对矩阵 $\boldsymbol{W} = (\boldsymbol{w}_1,\cdots,\boldsymbol{w}_m)^{\mathrm{T}}$ 进行对称正交化，即 $\boldsymbol{W} \leftarrow (\boldsymbol{W}\cdot\boldsymbol{W}^{\mathrm{T}})^{\frac{-1}{2}}\boldsymbol{W}$；

(7) 如果尚未收敛，则返回步骤(5)。

以上只讨论了单个独立分量的提取，若要逐次提取多个信源，需要将上述算法重复运行若干次，每次取不同的初始化向量 $\boldsymbol{w}$ 就可以提取出多个信源。

为防止收敛相同，必须在重复上述算法前进行正交化处理，并把已提取过的分量先去掉。如此反复，直到分离出所有的独立分量。

2.7.2 SOBI 基本理论

大多数 BSS 算法如 FastICA、EASI 等，主要利用信号的三阶或四阶等高阶统计量作为对照函数。基于二阶统计量的 SOBI 利用信号相关特性，比基于高阶统计量 BSS 的假设条件要弱一些，目标函数采用 m 维样本 $\boldsymbol{X}$ 协方差矩阵 $\boldsymbol{C}_x(\tau_1),\cdots,\boldsymbol{C}_x(\tau_p)$，能够被同一酉矩阵 $\boldsymbol{U}$ 对角化，不涉及概率密度函数(PDF)选取，不仅可以分离超高斯信号，而且可以分离亚高斯信号[1,61]。

基于二阶统计量的盲源分离实现方法有两种：一种是基于时延协方差矩阵的 EVD/SVD 方法；另外一种是基于一组时延协方差矩阵的 JAD 方法。

在实际中，观测信号通常带有噪声干扰，数据矩阵并不严格地具有相同的特征结构。并且由于任意选择的时延得到的协方差矩阵可能会有一些退化的特征值，这会导致数据矩阵中信息量的缺失。同时由于噪声影响，不能精确估计协方差矩阵，因而基于一个或两个数据矩阵确定的特征结构通常不能得到令人满意的结果，EVD/SVD 方法具有一定的局限性。

为了提高算法的稳定性和精确度，通常考虑联合数据矩阵的平均特征结构。联合数据矩阵 $\boldsymbol{M}=\{\boldsymbol{M}_1,\cdots,\boldsymbol{M}_N\}$ 可以选用多种形式，最简单的情形下，对于不同功率谱(对应时域中不同的自相关函数)的有色源，采用时延协方差矩阵：

$$\boldsymbol{M}_i=\boldsymbol{C}_{\bar{x}}(\tau_i)=E\{\bar{\boldsymbol{x}}(t)\bar{\boldsymbol{x}}^{\mathrm{T}}(t-\tau_i)\} \tag{2.76}$$

研究一组由不同时滞的协方差矩阵形成的联合数据矩阵的“平均特征结构”及其应用已成为二阶统计量 BSS 算法的一个研究趋势。JAD 方法是一种典型的利用数据矩阵“平均特征结构”的方法。

联合对角化的目标是寻找正交矩阵 $\boldsymbol{U}$，使对角化一组矩阵，从而有

$$\boldsymbol{M}_i=\boldsymbol{U}\boldsymbol{D}_i\boldsymbol{U}^{\mathrm{T}}(i=1,2,\cdots,N) \tag{2.77}$$

式中：$\boldsymbol{M}_i$ 为时延协方差矩阵；$\boldsymbol{D}_i$ 为实数对角矩阵。

由于误差的影响，一般情况下并不能找到一个准确的对角化矩阵 $\boldsymbol{U}$，因此只能达到近似对角化。若干协方差矩阵的 JAD 方法，减少了由于时延 τ 的不合理选择而引起的混合矩阵不可辨识的概率，更重要的是，该方法从大量的统计量中得到 $\boldsymbol{U}$，通常可提高结果的统计有效性。另外，JAD 方法还有一个大的优点是存在若干高效的数字算法，包括精确对角化单个厄米密特矩阵的雅可比技术。

这样就得到了 SOBI 算法[1, 61, 112]。对于预白化的传感器信号或正交化的混合矩阵 $\boldsymbol{H}=\boldsymbol{Q}\boldsymbol{A}$，有

$$\boldsymbol{C}_{\bar{x}}(\tau_i)=\boldsymbol{Q}\boldsymbol{C}_x(\tau_i)\boldsymbol{Q}^{\mathrm{T}}=\boldsymbol{A}\boldsymbol{C}_s(\tau_i)\boldsymbol{A}^{\mathrm{T}}=\boldsymbol{U}\boldsymbol{D}_i\boldsymbol{U}^{\mathrm{T}}\qquad(i=1,2,\cdots,N)\tag{2.78}$$

因此，正交混合矩阵估计 $\hat{\boldsymbol{H}}=\boldsymbol{Q}\hat{\boldsymbol{A}}=\boldsymbol{U}$，除了数值比例和排序有所不同外，条件是至少有一个对角矩阵 $\boldsymbol{D}_i(\tau_i)$ 有不同的对角元素。源信号估计 $\hat{\boldsymbol{S}}(t)=\boldsymbol{U}^{\mathrm{T}}\boldsymbol{Q}\boldsymbol{x}(t)$，混合矩阵估计 $\hat{\boldsymbol{A}}=\boldsymbol{Q}^{+}\boldsymbol{U}^{\mathrm{T}}$。应注意，现在一个合适的时延 $\boldsymbol{\tau}$，使得 $\boldsymbol{D}(\boldsymbol{\tau})$ 具有不同的对角分量是颇为困难的。SOBI 具体算法流程如下：

（1）进行正交化变化 $\bar{\boldsymbol{X}}=\boldsymbol{Q}\boldsymbol{X}$；

（2）对于预先选定的一组时延（$\tau_1,\cdots,\tau_p$），计算协方差矩阵，即

$$\boldsymbol{C}_{\bar{x}}(\tau_i)=\frac{1}{N}\sum_{k=1}^{N}\bar{\boldsymbol{X}}(k)\,\bar{\boldsymbol{X}}^{\mathrm{T}}(k-\tau_i)=\boldsymbol{U}\boldsymbol{C}_s(\tau_i)\boldsymbol{U}^{\mathrm{T}}$$

（3）对 $\boldsymbol{C}_{\bar{x}}(\tau_1),\cdots,\boldsymbol{C}_{\bar{x}}(\tau_p)$ 联合对角化，结合式（2.77）求得酉矩阵 $\boldsymbol{U}$；

（4）求得源信号估计 $\hat{\boldsymbol{S}}=\boldsymbol{Y}=\boldsymbol{U}^{\mathrm{T}}\boldsymbol{Q}\boldsymbol{X}$，分离矩阵 $\boldsymbol{W}=\boldsymbol{U}^{\mathrm{T}}\boldsymbol{Q}$，混合矩阵估计 $\hat{\boldsymbol{A}}=\boldsymbol{Q}+\boldsymbol{U}$，其中 $\boldsymbol{Q}^{+}$ 为 $\boldsymbol{Q}$ 的 Moore-Penrose 伪逆矩阵。

2.7.3 信噪分离试验

为了检验 FastICA 和 SOBI 两种方法的信噪分离性能，这里以钢框架结构模型为实验对象进行了试验分析。该结构由 3 根主梁、8 根次梁、6 根立柱组成，模型整体尺寸为 1500mm×1150mm×564mm，由 6 根立柱嵌固在地面，如图 2.4和图 2.5 所示。

图 2.4　钢框架模型

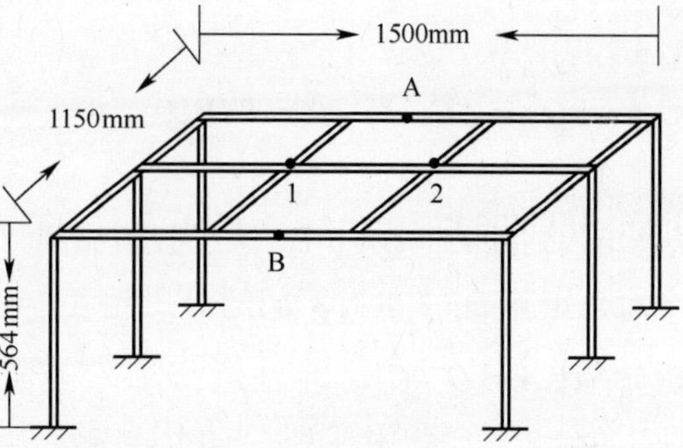

图 2.5　钢框架结构

试验中采用两个加速度传感器去采集由两个振动源产生的自然振动混合信号，采样频率是 1kHz。振动源（标记 A、B）和加速度传感器（标记 1、2）放置的相对位置如图 2.5 所示。其中振源 A 是由实验力锤锤击产生的一系列冲击信号，振源 B 由激振器产生正弦振动信号。

图 2.6 显示的观测信号是两个传感器同时采集的振动时域波形及其功率谱密度函数（PSD），FastICA 和 SOBI 两种方法分离得到的信号及其 PSD 分别如图 2.7 和图 2.8 所示。

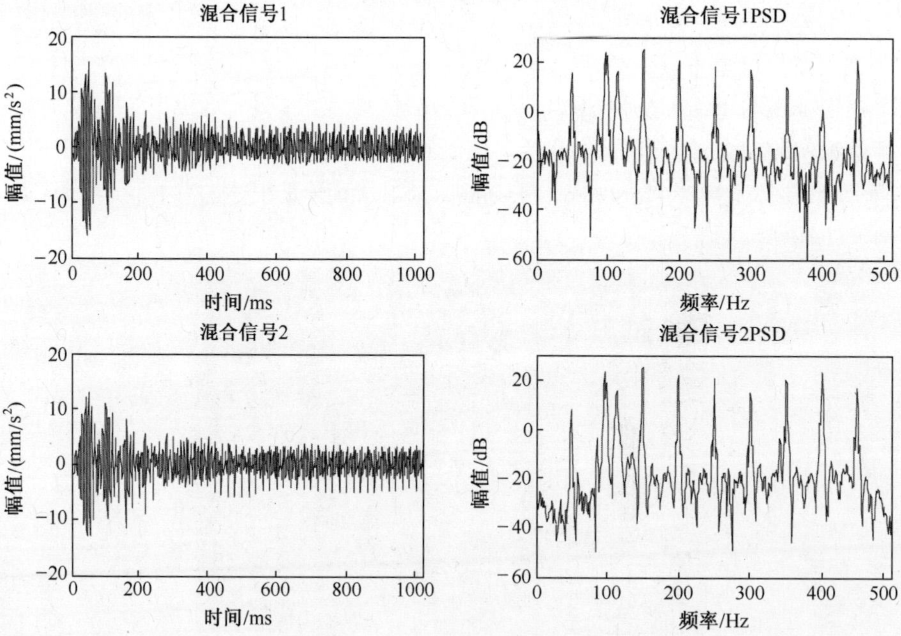

图 2.6　脉冲振源与正弦振源的混合响应信号及其 PSD

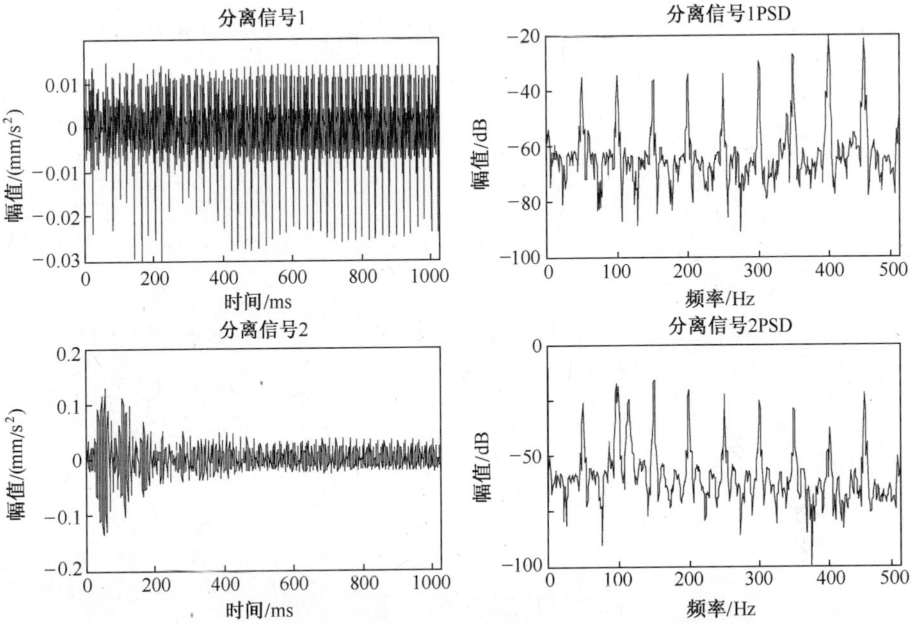

图 2.7　FastICA 分离信号及其 PSD

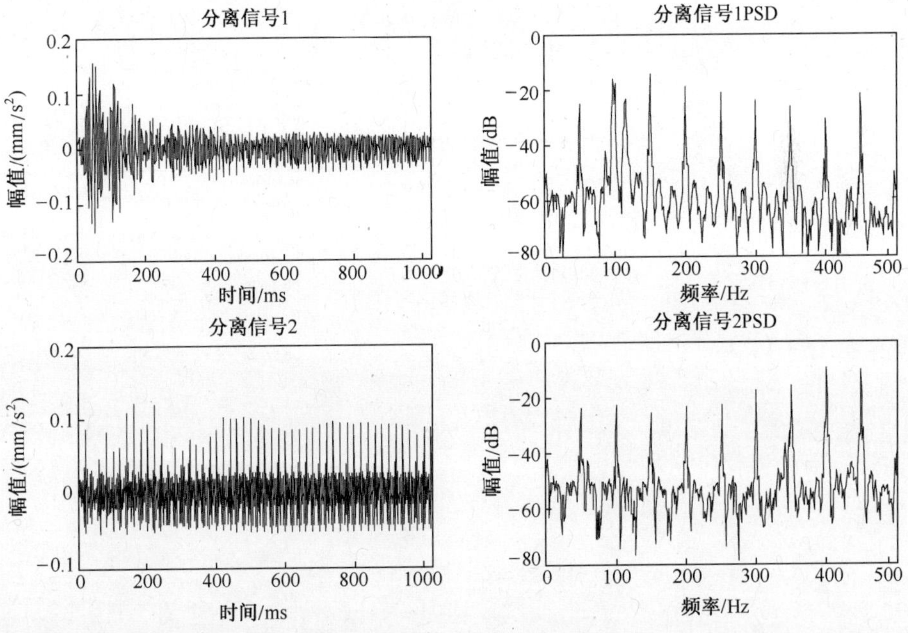

图 2.8　SOBI 分离信号及其 PSD

从图 2.7 和图 2.8 可以看出，除了幅值和排列顺序不相同外，FastICA 和 SOBI 两种方法都能够分离出正弦振动信号，从而验证了盲源分离技术在结构振动信号分离中的有效性和适用性。

2.8 本章小结

本章从总体上阐述了盲源分离的基本理论与方法。首先，描述了 BSS 模型及其假设条件、自身固有的两个不确定性；然后，简介了 BSS 相关的数学基础和预处理手段；最后，介绍了 BSS 的目标函数、优化算法。以一个钢框架结构模型实测振动信号的分离过程为例，验证了盲源分离在信噪分离上的有效性和适用性。

第3章 基于量子遗传算法的时源盲分离的时延优化选择

3.1 概述

在许多实际应用中,观测信号往往是由时间源信号,而不是随机变量混合而成。这种情况下,独立成分的自协方差(在不同时延下的协方差)就成为很有意义的统计量。当源信号是平稳的,且独立成分具有不同的自协方差(且它们全都不为零)时,通常以信号的二阶相关矩阵作为目标函数(优化判据),通过正交或非正交联合对角化方法对目标函数进行优化,得到基于二阶统计量的平稳源盲分离方法。由于该类算法利用了源信号的时间相关性,因此这类方法常简称为时源盲分离方法。

时源盲分离和基于高阶统计量的独立分量分析相比较:时源盲分离方法可以分离具有时间相关性的多个高斯信号的混合,且具有较好的鲁棒性,而基于高阶位计量的独立分量分析要求源信号中最多只能有一个高斯信号;时源盲分离方法的局限性在于独立成分不能具有相同的自相关函数(即相同的功率谱),否则它们将不能单纯使用时延协方差的方法进行估计,基于高阶统计量的独立分量分析方法允许独立成分具有相同的分布[2, 68]。

在时源盲分离方法中,需要计算一个或几个时延的协方差矩阵,为此首先必须选取时延。典型的时源盲分离算法有 AMUSE 算法[59, 113]和 TDSEP 算法[114]。前者是选用一个时延,而后者是选用多个时延。时延的优化选择是时源盲分离方法的一个重要方面,目前有效解决这个问题的方法很少[114-117],文献[115]采用常规遗传算法(Standard Genetic Algorithm,SGA)对时源盲分离的时延优化选择进行了初步探讨。

遗传算法是模拟达尔文的遗传选择和自然淘汰等生物进化过程的计算模型,是一种通过模拟自然进化过程搜索最优解的方法。理论上已经证明 GA

能从概率的意义上以随机的方式寻求到问题的最优解[118]，但自然进化和生命现象的不可知性导致了 GA 的本质缺陷。GA 最明显的缺点是收敛问题，包括收敛速度慢和未成熟收敛。针对这些缺陷和不足，虽然已有很多方法进行了改进，但很难有本质上的突破[119-121]。

近年来，量子信息学的研究进展不仅向人们展示了未来量子信息处理的诱人前景，而且启发人们从量子力学的角度出发重新研究一些传统算法，以达到改进其性能的目的，量子遗传算法[122]是一种将遗传算法和量子理论相结合的算法，其基本思想是基于量子计算的概念（如量子比特和量子叠加态），使用量子比特编码染色体，利用量子概率幅表示可以使一个量子染色体同时表征多个状态的信息，同时模拟量子坍塌的随机观察可带来丰富的种群，而且采用这种概率表示时，当前最优个体的信息也能够很容易地用来跟踪并总结过去的进化历史，从中抽取能反映进化本质的知识，从而引导变异，使得种群以大概率向着优良模式进化，加快收敛速度，提高全局寻优能力。

目前，量子遗传算法的应用研究主要有：Han 等[123]将量子的态向量表达引入遗传编码，利用量子旋转门实现染色体基因的调整，使得该算法将来在量子计算机上执行成为可能；Han 等[124]又引入种群迁移机制，更好地保持了种群的多样性，并把算法更名为量子衍生进化算法；Khorsand 等[125]提出一种多目标量子遗传算法，构造的两层 QGA 在寻优过程中能同时优化自身参数；杨俊安等[126]提出了基于量子遗传算法与独立分量分析算法相结合的盲源分离新算法，根据遗传进化进程，采用动态调整旋转角的策略，运算效率明显优于常规遗传算法；杨淑媛等[119]将进化理论和量子理论结合，提出一种基于量子计算概念的量子遗传算法，从理论上证明了 QGA 的全局收敛性，有更好的种群多样性、更快的收敛速度和全局寻优的能力；李斌等[121]基于染色体量子概率编码的遗传算法，给出了一个通用的、与问题无关的染色体调整策略；王凌等[127]提出了基于二进制编码的混合量子遗传算法和基于实数编码的混合量子遗传算法。

本章将时源盲分离方法中的时延优化选择看作一个组合优化问题，提出一种基于量子遗传算法的自适应优化选择方法。

3.2 时源盲分离的基本模型

对于线性盲源分离，观察信号 $\boldsymbol{x}(t) = [\boldsymbol{x}_1(t), \boldsymbol{x}_2(t) \cdots, \boldsymbol{x}_n(t)]^{\mathrm{T}}$ 假设为未

知源信号 $\boldsymbol{s}(t)=[\boldsymbol{s}_1(t),\boldsymbol{s}_2(t),\cdots,\boldsymbol{s}_n(t)]^{\mathrm{T}}$，根据下面的模型形成的线性混合：

$$\boldsymbol{x}(t)=\boldsymbol{A}\boldsymbol{s}(t)\,(t=1,2,\cdots,T) \tag{3.1}$$

假设源信号 $\boldsymbol{s}_j(t)\,(j=1,2,\cdots,n)$ 相互独立，由于源信号是时间信号，因此式(3.1)中的 t 是时间指标。为了简化起见，假设混合矩阵 $\boldsymbol{A}$ 为方形矩阵，即源信号的个数和混合信号的个数相等。如果混合信号的个数大于源信号的个数，则可以通过简单的预处理方法（如 PCA）消除数据中的冗余，对数据进行压缩。

时间结构的最简单形式由（线性）自协方差给出。自协方差是指信号在不同时间点处对应取值的协方差 $\mathrm{cov}(x_i(t)\ x_i(t-\tau))$ 其中 τ 为某个延迟常数，$\tau=1,2,\cdots$。如果数据是时间相关的，则自协方差通常不为零。

除了单个信号的自协方差，还需要计算两个信号之间的协方差 $\mathrm{cov}(\boldsymbol{x}_i(t)\boldsymbol{x}_j(t-\tau))$，其中 $i\neq j$。所有这些具有给定时延的统计量，可以组成一个时延协方差矩阵：

$$\boldsymbol{C}_\tau^x=E\{\boldsymbol{x}(t)\boldsymbol{x}(t-\tau)^{\mathrm{T}}\} \tag{3.2}$$

该时间结构模型同样假设源信号满足互相独立性，但与普通的随机信号混合模型不同的是，时间序列的源信号不再要求其为高斯的，因为时间序列信号可以利用自协方差作为非高斯性的代替。需寻找出一个矩阵 $\boldsymbol{W}$，除使 $\boldsymbol{y}(t)=\boldsymbol{W}\boldsymbol{x}(t)$ 的瞬态协方差为零外，还要使时延协方差也为零，即

$$E\{y_i(t)y_j(t-\tau)\}=0 \tag{3.3}$$

3.2.1 AMUSE 算法

在最简单的情况下，可以只采用一步时延，将其表示为 τ。可以设计一个非常简单的算法，来寻找一个矩阵以同时去除瞬态协方差和与时延 τ 对应的协方差矩阵。

这里将白化后的数据表示为 z，则对于正交分离矩阵 $\boldsymbol{W}$，可得

$$\boldsymbol{W}\boldsymbol{z}(t)=\boldsymbol{s}(t) \tag{3.4}$$

$$\boldsymbol{W}z(t-\tau)=\boldsymbol{s}(t-\tau) \tag{3.5}$$

考虑式(3.2)所定义的时延矩阵的一个略微修改后的形式，即

$$\overline{\boldsymbol{C}}_\tau^z=\frac{1}{2}[\boldsymbol{C}_\tau^z+(\boldsymbol{C}_\tau^z)^{\mathrm{T}}] \tag{3.6}$$

由线性和正交性可得

$$\overline{C}^z_\tau = \frac{1}{2}W^T[E\{s(t)s(t-\tau)^T\} + E\{s(t-\tau)s(t)^T\}]W = W^T\overline{C}^z_\tau W \tag{3.7}$$

由于 $s_i(t)$ 的独立性,时延协方差矩阵 $C^s_\tau = E\{s(t)s(t-\tau)^T\}$ 为对角矩阵,即 D。该矩阵等价于 $\overline{C}^s_\tau$,因此有

$$\overline{C}^z_\tau = W^T DW \tag{3.8}$$

式(3.8)表明,矩阵 W 是 $\overline{C}^z_\tau$ 的特征值的一部分。这一对称矩阵的特征值分解很容易计算。实际上,考虑用该矩阵来代替时延协方差矩阵,就是希望得到一个对称矩阵,使得特征值分解是适定的且容易计算。

这样就得到了 AMUSE 的简单算法,用于对白化数据估计其分离矩阵。AMUSE 算法步骤如下:

(1) 对(零均值)数据 $x(t)$ 进行白化处理,得到 $z(t)$;

(2) 计算 $\overline{C}^s_\tau = \frac{1}{2}[C_\tau + C^T_\tau]$ 的特征值分解,其中 $C_\tau = E\{z(t)z(t-\tau)\}$ 是时延协方差矩阵,时延为 τ;

(3) 分离矩阵 W 的行由特征向量给出。

(4) 通过分离矩阵估计与源信号。

该算法非常简单,计算速度很快。但问题在于,只有在矩阵 $\overline{C}^z_\tau$ 的特征向量能唯一定义(所有的特征值都互不相等)时,算法才有效,因此当且仅当所有独立成分的时延协方差矩阵都不同时,所有特征值才都不同。在使用 AMUSE 算法时,寻找一个合适的时延 τ 显得特别重要,这一点也限制了 AMUSE 算法的使用推广。

3.2.2 TDSEP 算法

改进 AMUSE 算法的一个扩展,是考虑多步时延 τ,而不是单步。在这种情况下,只要这些时延中的一个所对应协方差是不同的就足够了。

采用多步时延,原则上希望对相应的时延协方差矩阵进行同时对角化,但是同时对角化并非总是可能的,因为除了在数据准确地满足 ICA 模型理想情况下,不同协方差矩阵的特征值不大可能是完全等同的。因此,在这里把所达到的对角化程度表示成函数,并寻找其最大值。

度量矩阵对角化程度的一个简单方法是采用下面的算子:

$$\mathrm{off}(\boldsymbol{M}) = \sum_{i \neq j} m_{ij}^2 \tag{3.9}$$

式(3.9)给出了矩阵 $\boldsymbol{M}$ 的非对角元素的平方和。现在希望是极小化 $y = \boldsymbol{W}z$ 的几个时延协方差矩阵的非对角元素之和。这里采用计算 AMUSE 时相同的时延协方差矩阵的对称形式 $\overline{\boldsymbol{C}}_\tau^y$。记所选时延 τ 的集合为 S，就可以写出下面的目标函数：

$$J(\boldsymbol{W}) = \sum_{\tau \in s} \mathrm{off}(\boldsymbol{W}\overline{\boldsymbol{C}}_\tau^z \boldsymbol{W}^{\mathrm{T}}) \tag{3.10}$$

通过在将 $\boldsymbol{W}$ 约束为正交的条件下极小化目标函数，可以得到相应的估计方法，这一极小化过程可以采用特征值分解方法来实现若干矩阵的同时近似对角化，TDSEP 正是基于以上原理的盲分离算法。其计算步骤如下：

(1) 对(零均值)数据 $x(t)$ 进行白化处理，得到 $z(t)$；

(2) 选取时间延迟，计算不同时延的协方差矩阵；

(3) 对不同时延协方差矩阵进行联合对角化，获得分离矩阵；

(4) 通过分离矩阵估计源信号。

3.3 遗传算法

遗传算法由美国密歇根大学 Holland 教授于 1975 年首先提出，GA 基于“适者生存”的一种高度并行、随机和自适应的优化算法，它将问题的求解表示成“染色体”群的一代代不断进化，包括复制、交叉和变异等操作，最终收敛到“最适应环境”的个体，从而求得问题的最优解或者满意解。

GA 是一种通用的优化算法，已经在求解旅行商问题、背包问题、装箱问题、图形划分问题等组合优化方面得到成功的应用。由于时源盲分离的时延优化选择实际上是一个组合优化问题，适合遗传算法的优化求解，所以采用遗传算法来选取时延。

基本遗传算法一般有确定染色体编码方法、构造适应度函数、设计遗传算子、选取算法控制参数等构成要素。为了深刻理解量子遗传算法的概念和理论，下面首先讨论遗传算法的具体算法设计步骤[68, 128]。

3.3.1 染色体编码

二进制编码是遗传算法最常用的编码方式，广泛应用于 GA 优化求解问题中。

从 TDSEP 的原理可以看出，对于 TDSEP 算法，假设已经选取一组时延，通过计算可以得到相应的一组时延协方差矩阵，这一组协方差矩阵被联合对角化时并不存在特定的顺序，因而各个时延之间也不存在特定的顺序，即可以任意选择一种时延排列的顺序。

基于上述考虑，本章在对量子染色体实施量子坍缩之后，采用文献[115]编码方法，表 3.1 列出了具有 n_d 个基因的染色体编码方案，前面 n_d 个自然数按照升序排成一组，形成一个染色体，在染色体中的每一个基因表示一个时延。表 3.1 中的每个二进制基因位代表一个初选的时延，"1"表示该时延在计算时延协方差矩阵时被选择，而"0"表示不被选择。

表 3.1　具有 n_d 个时延的染色体编码方案

$\tau=1$	…	$\tau=i$	…	$\tau=n_d$
0	…	1	…	1

3.3.2　适应度函数

个体对环境适应能力的评价用适应度 f 表示，适应度大的个体，是优质个体，表征其在此环境下的生存能力。由于适应度是种群中个体生存机会的唯一确定性指标，因此适应度函数的形式直接决定了群体的进化行为，故适应度函数规定为非负，即 $f \geqslant 0$。

遗传优化设计的目标是，在给定的信号分离精度的前提下，尽可能减少时延的个数，这样可以减小计算量，尤其是在数据维数较高时。在适应度函数构造的过程中，信号恢复的效果和时延的个数都必须同时考虑。对于线性盲分离问题，分离后的源信号之间相互独立，源信号之间的互信息是衡量其相互之间依赖性的一个重要指标，因此，可以用互信息评价分离效果。下面给出互信息的定义，首先给出差熵和负熵的定义：

对于白化后的数据 $z(t)$，经过线性变换 $\boldsymbol{y}=\boldsymbol{W}z(t)$ 后，假设 n 为随机向量 $\boldsymbol{y}=(y_1,\cdots,y_n)^{\mathrm{T}}$ 的概率密度为 $f(\cdot)$，则 $\boldsymbol{y}$ 的差熵定义为

$$
\begin{aligned}
H(\boldsymbol{y}) &= -\int f(\boldsymbol{y})\log f(\boldsymbol{y}) \\
&= -\int_{y_1}\cdots\int_{\boldsymbol{y}_n} p(\boldsymbol{y}_1,\cdots,\boldsymbol{y}_n)\log p(\boldsymbol{y}_1,\cdots,\boldsymbol{y}_n)\,\mathrm{d}\boldsymbol{y}_1\cdots\mathrm{d}\boldsymbol{y}_n
\end{aligned} \tag{3.11}
$$

负熵定义为

$$J(\boldsymbol{y}) = H(\boldsymbol{y}_{\text{gauss}}) - H(\boldsymbol{y}) \tag{3.12}$$

式中：$\boldsymbol{y}_{\text{gauss}}$ 为高斯随机向量，$\boldsymbol{y}_{\text{gauss}}$ 和 $\boldsymbol{y}$ 具有相同的均值和方差。

负熵非负，且具有在正交变化下的不变性，则 n 个随机变量 $\boldsymbol{y}_i(i = 1,2,\cdots,n)$ 的互信息可以定义为

$$I(\boldsymbol{y}_1,\boldsymbol{y}_2,\cdots,\boldsymbol{y}_n) = J(\boldsymbol{y}) - \sum_i J(\boldsymbol{y}_i) \tag{3.13}$$

由于式(3.13)中的 $J(\boldsymbol{y})$ 具有在正交变化下的不变性，因此通过寻找可逆正交变换 $\boldsymbol{W}$，互信息 I 最小化等同于最大化负熵 $\sum_i J(\boldsymbol{y}_i)$。直接计算 $\sum_i J(\boldsymbol{y}_i)$ 需要估计 $\boldsymbol{y}_i$ 的概率密度，由于对概率密度进行准确的估计是比较困难的，因此通常采用近似方法计算负熵。文献[2, 62]给出了一种基于最大熵原则的近似方法，这里直接引用负熵近似公式：

$$J(\boldsymbol{y}_i) \approx c\left[E\{G(\boldsymbol{y}_i)\} - E\{G(\boldsymbol{v}_i)\}\right]^2 \tag{3.14}$$

式中：G 为任意非二次函数；c 为某一常数；$\boldsymbol{v}_i$ 为高斯变量；$\boldsymbol{y}_i$、$\boldsymbol{v}_i$ 具有相同的均值和方差。

则各独立分量的负熵和可以通过下式估计：

$$\sum_i J(\boldsymbol{y}_i) \approx \sum_{i=1}^{n}\left[E\{G(\boldsymbol{y}_i)\} - E\{G(\boldsymbol{v}_i)\}\right]^2 \tag{3.15}$$

函数 G 的选择通常要保证计算简单，文献[2, 62]给出了三个实用的 G 函数解析式：

$$G_1(\boldsymbol{y}) = \frac{1}{a_1}\text{logcosh}(a_1\boldsymbol{y}) \tag{3.16}$$

$$G_2(\boldsymbol{y}) = -\frac{1}{a_2}\exp(-a_2\boldsymbol{y}^2/2) \tag{3.17}$$

$$G_3(\boldsymbol{y}) = \frac{1}{4}\boldsymbol{y}^4 \tag{3.18}$$

根据试验结果，式中常数 a_1 和 a_2 取值范围通常是 $1 \leqslant a_1 \leqslant 2$，$a_2 \approx 1$。

本章算法中，选取函数 G_1。根据适应度函数最大化原则以及上述几节中对具体问题的分析，定义如下适应度函数：

$$f(J,M_i) = \frac{n_d \sum_i J(y_i)}{M_i}(i = 1,\cdots,n_p) \tag{3.19}$$

式中：M_i 为第 i 个染色体的所有基因值的和。

3.3.3 遗传算子

基于对自然界中生物遗传与进化机理的模仿,针对不同的问题,很多学者设计了许多不同的编码方法来表示问题的可行解,开发出了不同的遗传算子来模仿不同环境下的生物遗传特性。基本遗传算子由选择、交叉和变异三个算子组成。

选择也称为复制或繁殖,是从旧种群中选择优质个体,淘汰部分个体,产生新种群的过程。选择不产生新个体,优质个体得到复制,使种群的平均适应度得到提高。可见,它模拟了生物界的“优胜劣汰”。选择的方法有很多种,无论哪种方法,都与适应度有关,且选择的主要思想是个体的选择概率正比于其适应度。常用的选择算子的操作方法有比例选择、最优保存策略、期待值法和两两竞争法等。

本章把适应度的比例选择和最优保存策略结合起来进行选择操作。

比例选择采用下式计算种群中个体的选择概率:

$$p_i = \frac{f_i}{\sum_{j=1}^{n} f_j} = \frac{f_i}{f_{\mathrm{sum}}} \tag{3.20}$$

式中:f_i 为个体 i 的适应度;f_{sum} 为种群的总适应度;p_i 为个体 i 的选择概率。可见,适应度高的个体,被复制的可能性就大。

最优保存策略是将这一代适应度高的个体不进行交叉、变异操作,直接保留到下一代中。

交叉算子是指对两个相互配对的染色体按某种方式相互交换其部分基因,从而形成两个新的个体。交叉运算在遗传算法中起着关键作用,是产生新个体的主要方法,它使遗传算法对最优解的搜索能力得以大幅度提高。一般来说,交叉算子的实现分两步进行:首先以交叉概率随机地从母体配对库中取出两个配对染色体;然后以某种交叉方法对这两个配对染色体进行交叉。常见的交叉方式有单点(随机)交叉、两点(随机)交叉、多点(随机)交叉及均匀交叉等。单点交叉算子是最基本和最常用的交叉算子,在本章中采用单点交叉算子。其具体执行过程如下:

(1) 群体中的个体进行两两随机配对;

(2) 每一对相互配对的个体,随机设置某一基因座之后的位置为交叉点;

(3) 根据设定的交叉概率,在交叉点处相互交换两个个体的部分染色体,从而产生两个新的个体。

变异算子是指将个体染色体编码串中的某些基因座上的基因值以变异概率用该基因座的其他等位基因来替换,从而形成一个新的个体。变异运算是产生新个体的辅助方法,改善了遗传算法的局部搜索能力,维持了种群的多样性,防止出现早熟现象。变异算子设计包括两方面内容:设定变异概率;确定变异点的位置和如何进行基因值替换。在本章中,首先假设个体编码串中的每个基因座为变异点,然后在[0,1]区间选取一均匀分布的随机数,比较该随机数和指定变异概率的大小,如果该随机数大于指定变异概率,则该基因座为变异点,否则不进行变异操作。

3.3.4 GA 控制参数

控制参数包括群体规模、算法执行的最大迭代数、交叉概率以及变异概率等。

群体规模直接影响遗传算法的性能。一般来说,种群规模在 50~200 时,能够很好地实现种群多样性与算法复杂度之间的折中。

由于遗传算法不包含目标函数的梯度等启发信息,也就无法确定个体在整个解空间的位置分布,不能使用传统方法来判定算法的收敛与否,因此一般使用最大迭代数来终止算法,也就是初始种群的最大进化代数。

交叉概率及变异概率是统计意义上个体参与交叉和变异操作的度量标准,在参数取值上,也能充分反映交叉算子与变异算子对遗传算法的贡献。交叉与变异概率可以是固定取值,也可以自适应取值,使用固定的概率。

为了说明方便, n_{p}、n_{g}、p_{c}、p_{m} 分别代表种群规模、最大进化迭代数、交叉概率和变异概率等控制参数。

3.4 量子遗传算法

量子信息是信息科学和量子力学相结合的新兴交叉科学。诺贝尔物理学奖获得者 Feynman 曾指出:量子力学的精妙之处在于引入了概率幅(量子态)的概念[129]。量子信息科学采用这个奇妙的量子态作为信息单元(量子比特)。一旦用量子态来表示信息,就实现了信息的量子化。量子世界的奇妙特性(如叠加性、相干性和纠缠性)使得量子信息系统突破经典信息系统的极限。量子信息领域的权威 Bennett 和 DiVincenzo 在 *Nature* 杂志撰文对量子信息做了总结性评价：从经典信息到量子信息的推广，就像从实数到复数的推广一样[130]。量子计算正是利用了量子理论中有关量子态的叠加、纠缠和干涉等特性，通过量子并行计算有可能解决经典计算中的 NP 问题。

量子遗传算法是量子计算与遗传算法相结合的产物，融合了量子算法的加速收敛能力和遗传算法的全局寻优能力。量子遗传算法建立在量子的态向量表述基础上，将量子比特的概率幅表示应用于染色体的编码，使得一条染色体可以表达多个态的叠加，并利用量子旋转门和量子非门实现染色体的更新操作，从而实现目标的优化求解。

目前，量子遗传算法的研究主要集中在两类模型上：一类是基于量子多宇宙特征的多宇宙量子衍生遗传算法（Quantum Inspired Genetic Algorithm，QIGA）；另一类是基于量子比特和量子态叠加特性的遗传量子算法（Genetic Quantum Algorithm，GQA）。QIGA 的贡献在于将量子多宇宙的概念引入遗传算法，利用多个宇宙的并行搜索，增大搜索范围，利用宇宙之间的联合交叉，实现信息的交流，从而整体上提高了算法的搜索效率；但算法中的多宇宙是通过分别产生多个种群获得的，并没有利用量子态，因而仍属于常规遗传算法。GQA 将量子的态向量表达引入遗传编码，利用量子旋转门实现染色体的演化，取得了比常规遗传算法更好的效果；但编码方案和量子旋转门的演化策略不具有通用性，该算法主要用来解决 0-1 背包问题[122]。文献[126]对 QGA 进行了改进，提出量子遗传算法（Quantum Genetic Algorithm，QGA）。QGA 采用多状态基因量子比特编码方式和通用的量子旋转门操作，引入动态调整旋转角机制和量子交叉，比文献[123]中的方法更具有通用性，且效率更高。

针对时源盲分离的时延优化选择问题，下面详细讨论量子遗传算法的具体设计步骤[121-123]。

3.4.1 量子染色体

在量子信息论中，信息的载体不再是经典的比特，而是一个一般的二态量子体系。这个二态的量子体系可以是一个二能级的原子或离子，也可以是一自旋为 1/2 的粒子或具有两个偏振方向的光子，这些体系均称为量子比特，即量子位。区别于经典比特，量子比特可以处于 0，1 两个本征态的任意叠加状态，而且对量子比特的操作过程中，两态的叠加振幅可以相互干涉，这就是量子相干性。量子计算机对每一个叠加分量(本征态)实现的变换相当于一种经典计算,所有这些经典计算同时完成,并按一定的概率振幅叠加起来,给出量子计算的计算结果,这种计算称为量子并行计算。

QGA 使用一种新颖的基于量子比特的编码方式,即用一对复数定义一个量子比特位。一个量子比特的状态表示为 $|\varphi\rangle=\alpha|0\rangle+\beta|1\rangle$, $|\alpha|^2+|\beta|^2=1$。其中 α、β 为代表相应状态出现概率的两个复数, $|\alpha|^2$、$|\beta|^2$ 分别表示量子比特处于状态 0 和状态 1 的概率,定义 $P_i(0)=|\alpha_i|^2, P_i(1)=|\beta_i|^2$, 即 $P_i(0)$ 表示第 i 个量子比特取值"0"的概率, $P_i(1)$ 表示其取值"1"的概率。

一个有 m 个量子比特位的系统可描述为

$$\begin{bmatrix} \alpha_1 & \alpha_2 & \cdots & \alpha_m \\ \beta_1 & \beta_2 & \cdots & \beta_m \end{bmatrix}, |\alpha_i|^2+|\beta_i|^2=1(i=1,2,\cdots,m)$$

则染色体坍缩到某一特定解 s 的概率为

$$P(s)=P_1(s_1)\times P_2(s_2)\times\cdots\times P_m(s_m)$$

式中: $s_i\in\{0,1\}$ 为解 s 的第 i 分量。

例如,有一个 3 量子比特系统

$$\begin{bmatrix} \frac{1}{\sqrt{2}} & \frac{\sqrt{3}}{2} & \frac{1}{2} \\ \frac{1}{\sqrt{2}} & \frac{1}{2} & \frac{\sqrt{3}}{2} \end{bmatrix}$$

则系统状态表示为

$$\frac{\sqrt{3}}{4\times\sqrt{2}}|000\rangle+\frac{3}{4\times\sqrt{2}}|001\rangle+\frac{1}{4\times\sqrt{2}}|010\rangle+\frac{\sqrt{3}}{4\times\sqrt{2}}|011\rangle$$
$$+\frac{\sqrt{3}}{4\times\sqrt{2}}|100\rangle+\frac{3}{4\times\sqrt{2}}|101\rangle+\frac{1}{4\times\sqrt{2}}|110\rangle+\frac{\sqrt{3}}{4\times\sqrt{2}}|111\rangle$$

上式表示染色体坍缩到状态 $|000\rangle$, $|001\rangle$, $|010\rangle$, $|011\rangle$, $|100\rangle$, $|101\rangle$, $|110\rangle$, $|111\rangle$ 的概率分别为 3/32、9/32、1/32、3/32、3/32、9/32、1/32、3/32,且随着 α、β 趋于 1 或 0,这时种群多样性消失,系统将坍缩为一个确定的状态,算法开始收敛。因此,当采用量子比特的概率幅对来编码染色体时,一个染色体所表达的其实就是解空间中解的取值概率分布[121]。

由于量子系统能够描述叠加态,因此基于量子比特编码方式的进化算法,比传统进化算法具有更好的种群多样性。

3.4.2 QGA 描述

QGA 与 GA 类似,在第 t 代的染色体种群 $Q(t)=\{q_1^t,q_2^t,\cdots,q_n^t\}$,其中 n 和 t 分别为种群大小和进化代数。

进化第 t 代的第 j 个染色体定义为

$$q_j^t=\left[\begin{array}{c|c|c|c|}\alpha_1^t & \alpha_2^t & \cdots & \alpha_m^t \\ \beta_1^t & \beta_2^t & \cdots & \beta_m^t\end{array}\right] \quad (j=1,2,\cdots,n)$$

式中:m 为量子比特染色体的比特位数。

在 QGA 中,每个染色体都拥有自己独立的"演化目标"。同时,通过交叉、变异实现个体间演化信息的交换和防止陷入局部最优。QGA 的计算流程如下:

(1) 初始化进化代数,$T=0$;

(2) 初始化种群 $Q(t)$,产生 n 个以量子概率幅对编码的染色体 $q_j^t(j=1,2,\cdots,n)$;

(3) $Q(t)$ 实施量子坍塌,得到确定解 $P(t)=\{P_1^t,P_2^t,\cdots,P_n^t\}$;

(4) 评价群体 $P(t)$ 的适应度,保存最优解;

(5) 停机条件判断:当满足时,输出当前最优个体,算法结束,否则继续;

(6) 个体交叉、变异操作,生成新的 $P(t)$;

(7) 更新 $Q(t)$,$T=T+1$,转到步骤(3)。

在步骤(2)中,一般 $Q(t)$ 中的 α_i^t、$\beta_i^t(i=1,\cdots,m)$ 和所有的 q_j^t 都被初始化为 $1/\sqrt{2}$,表示所有可能的叠加态以相同的概率出现。步骤(3)表示通过量子坍塌得到 $P(t)$,每个长为 m 的二进制解 $P_j^t(j=1,2,\cdots,n)$ 是利用量子比特幅度 $|\alpha_i^t|^2(i=1,2,\cdots,n)$ 为概率选择得到的,具体过程是,随机产生一个属于 $\{0,1\}$ 的数,若它大于 $|\alpha_i^t|^2$,则 P_j^t 取值为 1,否则取值为 0。由于 QGA 优化时延的目标在于,在给定的信号分离精度前提下,尽可能减少时延个数,以减小计算量,因此步骤(4)在构造适应度函数过程中,信号分离效果和时延个数必须同时考虑。由于负熵可以衡量信号分离效果,因此采用基于负熵的适应度函数[115]:

$$f(J,M_i)=\frac{n_d\sum_i J(y_i)}{M_i} \quad (i=1,\cdots,n_p)$$

式中：n_d、M_i 分别为染色体长度和第 i 个染色体所有基因值的和；负熵为

$$\sum_i J(y_i) \approx \sum_{i=1}^{n} [E\{G(y_i)\} - E\{G(v_i)\}]^2$$

其中：G 为任意非二次函数；c 为常数；v_i 为高斯变量；分离信号 y_i 和 v_i 具有相同的均值和方差。

在步骤(7)中，可采用不同的更新策略来进化 $Q(t)$，如可以随机产生新的 $Q(t)$，根据量子的叠加特性和量子变迁的理论，运用一些合适的量子门变换来产生，常用的量子变换矩阵有异或门、旋转门和哈达玛(Hadamard)变换门等。

同时，由上述算法流程可见，在步骤(6)之前，每个染色体都是各自独立演化的，步骤(6)的作用(主要是交叉)是打破这种互不相干状态，通过交叉实现个体之间演化信息的交换。

3.4.3 量子进化

在 QGA 搜索过程中，首先 QGA 通过选择使具有较高适应度的个体不断增多，并且根据量子坍塌的机理，采用随机观察方法产生新的个体，不断探索未知空间，像 GA 那样，使搜索过程得到最大的积累收益；其次 QGA 采用量子染色体的表示形式，使一个量子染色体上携带着多个状态的信息，能带来丰富的种群，进而保持群体的多样性，克服早熟；最后 QGA 对量子染色体采用一种“智能”进化的策略来引导进化，提高收敛速度。传统 GA 采用交叉、变异等遗传操作来保持种群的多样性，QGA 采用量子门作用于量子基态的概率幅的方式使种群多样性得以保持。因而，量子门的更新方法是 QGA 的关键。

作为演化操作的执行机构，量子门可根据具体问题进行选择，目前已有的量子门有很多种，根据量子遗传算法的计算特点，选择量子旋转门较为合适。量子旋转门 $U(\theta)$ 的调整操作如下式：

$$U(\theta) = \begin{bmatrix} \cos\theta & -\sin\theta \\ \sin\theta & \cos\theta \end{bmatrix} \tag{3.21}$$

则第 i 个量子比特 (α_i, β_i) 的更新过程为

$$\begin{bmatrix} \tilde{\alpha}_i \\ \tilde{\beta}_i \end{bmatrix} = U(\theta_i) \begin{bmatrix} \alpha_i \\ \beta_i \end{bmatrix} = \begin{bmatrix} \cos\theta_i & -\sin\theta_i \\ \sin\theta_i & \cos\theta_i \end{bmatrix} \begin{bmatrix} \alpha_i \\ \beta_i \end{bmatrix}$$

其中:旋转角 $\theta_i = s(\alpha_i\beta_i)\Delta\theta_i$, $\Delta\theta_i$ 和 $s(\alpha_i\beta_i)$ 分别为旋转角变化量和旋转方向,它们的取值如表 3.2 所列。

表 3.2　量子旋转门中 θ_i 的查询表

x_i	b_i	$f(x) \geqslant f(b)$	$\Delta\theta_i$	$s(\alpha_i\beta_i)$			
				$\alpha_i\beta_i > 0$	$\alpha_i\beta_i < 0$	$\alpha_i = 0$	$\beta_i = 0$
0	0	真	0	—	—	—	—
0	0	假	0	—	—	—	—
0	1	真	δ	+1	−1	0	±1
0	1	假	δ	−1	+1	±1	0
1	0	真	δ	−1	+1	±1	0
1	0	假	δ	+1	−1	0	±1
1	1	真	0	—	—	—	—
1	1	假	0	—	—	—	—

表 3.2 中,$f(x)$ 为目标函数, b_i 、x_i 分别为最优解和当前解中第 i 个值。δ 为每次调整的角步长,δ 值太小将影响收敛速度,太大可能会使结果发散或早熟收敛到局部最优解。文献[123]采用固定旋转角策略,文献[126]采用动态调整旋转角的策略,即根据遗传代数的不同,将 δ 在 $0.005\pi \sim 0.1\pi$ 之间动态调整。试验结果表明:动态调整旋转角策略的收敛速度优于固定旋转角策略。本章采用动态调整旋转角的策略对盲源分离的时延进行优化选择。

3.5　语音仿真试验

为了验证本章算法的快速收敛性和全局寻优的能力,同时为了与文献[115]方法进行比较,本章试验采用的源信号选自 Matlab 软件自带的三个标准的语音信号 handel、chirp、gong,随机选取的混合矩阵如下:

$$\boldsymbol{A} = \begin{bmatrix} 2.0211 & 0.2723 & -1.6106 \\ 0.5018 & 0.3368 & -1.0075 \\ -1.9983 & 0.1378 & -0.5144 \end{bmatrix}$$

三个源信号和混合信号分别如图 3.1 和图 3.2 所示。

本章进行了 4 组试验。第一组试验,根据文献[114]的做法,没有经过优化选择,直接选取前面最小的 k 个自然数作为时延,为了使试验结果更为可信,将参数 k 的值从 1 增加到 100(染色体长度)。结果表明,当前面 37 个时

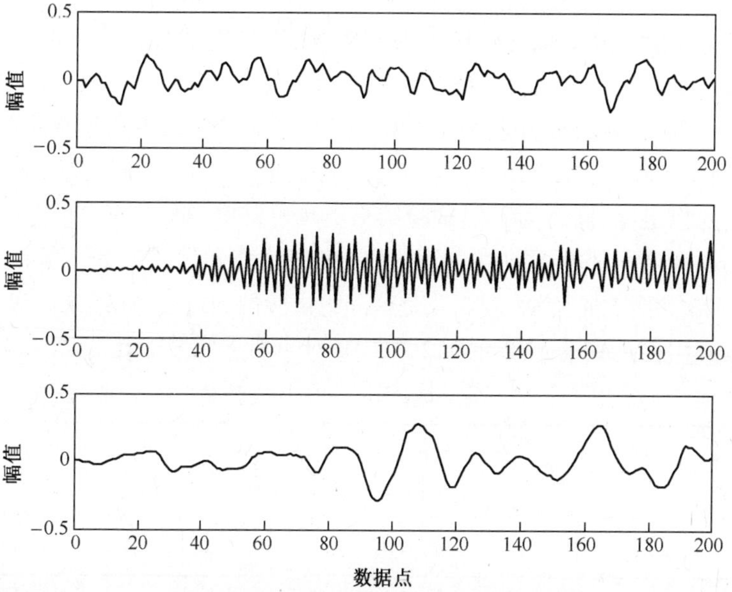

图 3.1　三个语音源信号

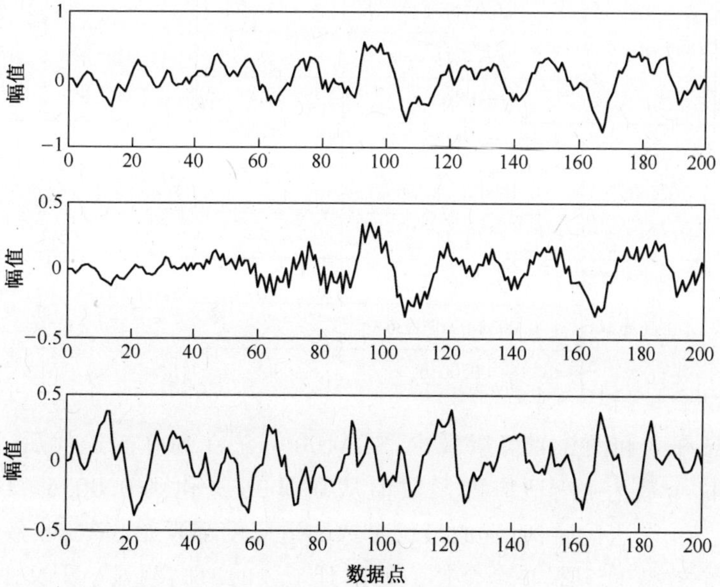

图 3.2　三个语音混合信号

延被采用时,分离信号的负熵总和最大($\sum_i J(y_i) = 0.0005$)。第二组试验,根据文献[115]的做法,采用 SGA 优化时延,试验中所用的参数如表 3.3 所列，符号 n_g、n_d、n_p、a_1、p_m、p_c 分别为最大进化迭代数、染色体长度、种群规模、变异概率和交叉概率，a_1 为计算负熵的参数，第二组试验 $n_p=100$，该组试验记为 SGA100。第三组试验采用本章提出的方法，试验中所用的参数如表 3.3 所列，n_p 为 10，该组试验记为 QGA10。第四组试验也采用本章提出的方法，与第三组试验唯一的区别是 $n_p=100$，该组实验记为 QGA100。为了验证 SGA 和 QGA 的稳定性，同时为了使试验结果更具可信度，第二、三、四组试验分别进行了 50 次独立试验，50 次试验的适应度平均值和优化时延个数平均值分别如图 3.3 和图 3.4 所示，表 3.4 是这三组试验的 50 次统计结果。试验用到的 Matlab 程序在 Athlon X2 主频 2.31GHz 计算机上完成运算。

表 3.3　试验用到的模型参数

n_g	n_d	n_p	a_1	p_m	p_c
500	100	100/10	1.5	0.05	1

表 3.4　三组试验的 50 次统计结果

算法	最优适应度	适应度 f	对应次数	最优时延个数	平均运行时间/s
QGA100	0.1066	$f<0.1064$	1	1	858.5
		$0.1064<f<0.1066$	5		
		$f=0.1066$	44		
QGA10	0.1066	$f<0.1064$	2	1	91.2
		$0.1064<f<0.1066$	13		
		$f=0.1066$	35		
SGA100	0.0036	$f<0.0033$	1	27	2257.8
		$0.0033<f<0.0036$	7		
		$f=0.0036$	42		

从图 3.3 和图 3.4 可以看出，SGA100 算法在 500 次迭代后，得到的时延最优个数为 27，适应度函数值从 0.0026 进化到 0.0035。QGA100 算法在 189 次迭代后，时延的最优个数和适应度都开始收敛，收敛后的最优时延个数是 1，只是一个个体原始时延个数的 1%，明显小于文献[115]方法的最优时延个数 37 和 SGA100 算法的最优时延个数 27，说明量子遗传算法具有快速收敛性和全局寻优的能力。QGA10 算法在大约 450 次迭代后，时延的最优个数和适应度开始收敛，说明了 QGA 算法在小规模种群环境下依然具有全局寻优能力。因此，采用本章中所提出的方法，对

TDSEP 算法进行时延的选择，可以减小计算的复杂度，当源信号个数很多时，这种做法就非常有意义。经过量子遗传算法优化时延组合后的 TDSEP 算法分离的信号如图 3.5 所示。

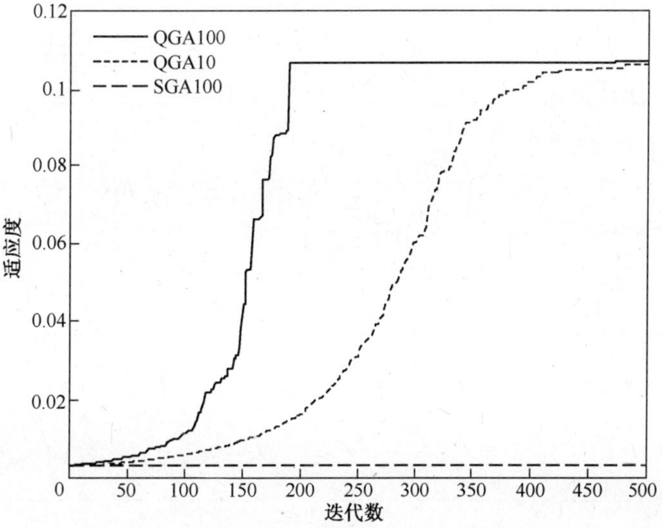

图 3.3　最优适应度随 QGA 迭代的进化曲线

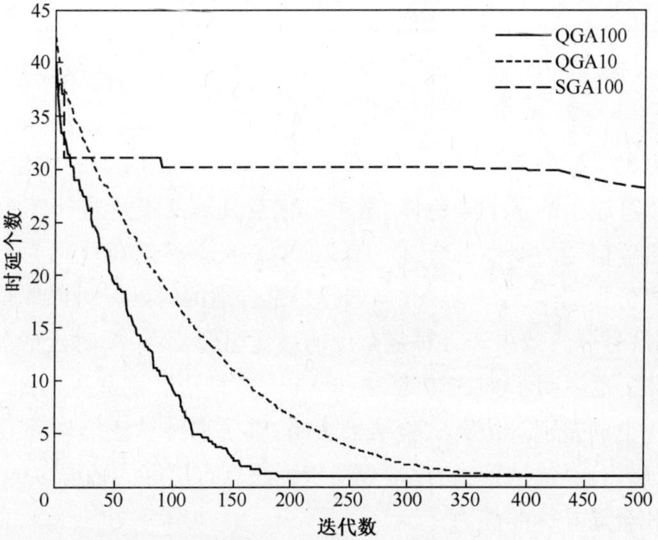

图 3.4　最优时延个数随 QGA 迭代的进化曲线

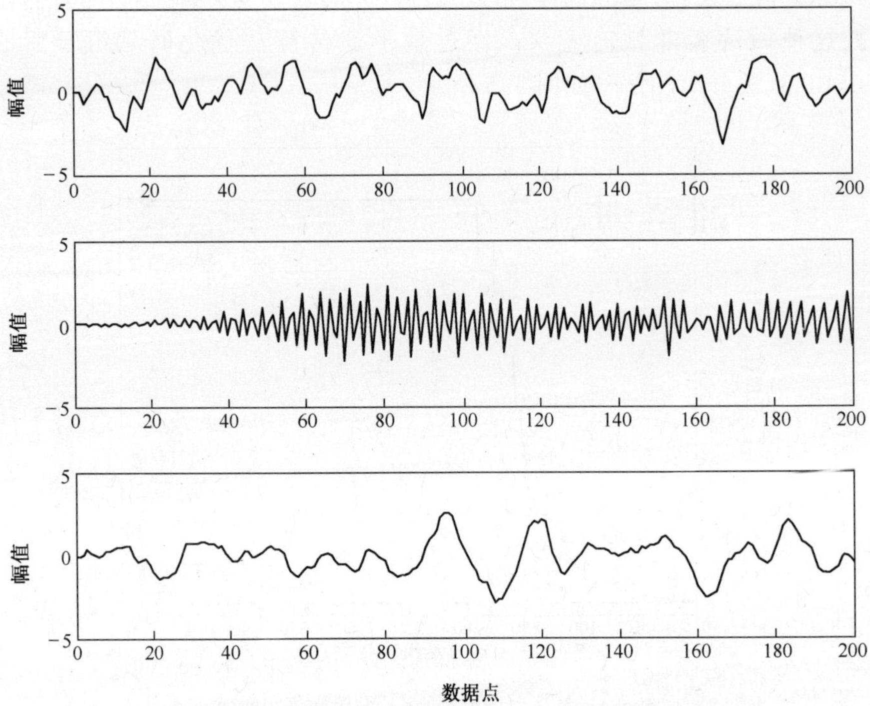

图 3.5 量子遗传算法优化时延组合后 TDSEP 算法的分离信号

3.6 本章小结

本章提出了一种基于量子遗传算法的时源盲分离时延的优化选择方法。对量子遗传算法中的量子染色体、量子进化及其算法设计进行了分析。针对三个标准语音信号的线性混合，以 TDSEP 算法的多个时延优化为出发点进行了盲源分离仿真试验，结果显示，当选择一个合适的时延时可以取得最优适应度，即达到信号分离效果和计算复杂度的最优组合，而一个时延情况正好对应 AMUSE 算法，也说明了 TDSEP 算法和 AMUSE 算法区别只是时延个数多少，而没有本质上的差别。仿真试验结果表明，量子遗传算法能够对盲源分离算法中的时延进行最优选择，它比常规遗传算法具有更好的种群多样性、更快的收敛速度和全局寻优的能力。

第4章 基于改进型盲源分离的结构模态参数识别

4.1 概述

结构模态参数识别是结构模态分析的主要内容,可分为传统的结构模态参数识别方法和环境激励下的结构模态参数识别方法。传统的结构模态参数识别方法是采用人工激励,然后利用激励信号和响应信号进行参数识别,该方法虽然保证了测试过程良好的重复性、较高的模态参数识别精度,却牺牲了对其测试环境的适应性。环境激励下的结构模态参数识别是在自然环境激励下,仅根据结构输出响应进行模态参数识别,该方法无须激励设备,仅需要测量结构响应,不会影响结构的正常工作[131, 132]。因此,环境激励下振动响应的模态参数识别方法正在受到工程界的重视。基于盲源分离的结构模态识别属于环境激励下的模态识别方法,是一种仅需要响应数据即可识别模态参数的新算法[4, 7, 133-135],因此研究基于 BSS 的结构模态识别显得很有意义。

源信号间互相独立或不相关是实现 BSS 的基本假设条件。模态分析的实质是把物理坐标中的振动响应转换为模态坐标中的模态响应,因为模态响应的各个坐标互相独立而无耦合[38]。由此可见,BSS 与模态分析是基于"独立性"或"不相关性"的两种分析方法,只是 BSS 源于信号处理,模态分析源于结构动力学。可以推断,BSS 与模态分析之间存在某种对应关系,这为应用 BSS 进行模态识别提供了理论依据。

基于二阶统计量的 BSS 与基于高阶统计量的 BSS 不同,其考虑了信号的时间结构,将自协方差作为非高斯性的代替,降低了 BSS 要求源信号是非高斯性的苛刻条件,它能分离出具有不同自相关函数(不同功率谱)的信号,得到了广泛应用[2, 4, 7, 13-15, 133, 135-138]。二阶盲辨识算法是典型的基于二阶统计量 BSS 方法,联合近似对角化是 SOBI 的核心[138]。JAD 一般采用正交联合近似对角化,然而 JAD 的正交性约束破坏了最小二乘标准,正交化阶段的误差不能在随后的分离阶段中被校正,最终影响了联合对角化的性能。因此,Yeredor 等[139]提出了最小二乘代价函数并得到了一种非正交联合对角化算法:列交替更新与对角化(Alternating Columns Diagonal Centers,ACDC),然而该算法要交替更新两组待定参数,因此收敛速度较慢。为了使 ACDC 的优化变得简单,张华等[140]提出了非对称的最小二乘代价函数,得到了性能更好的三迭代算法(Triple Iterative Algorihm,TIA)。正如 Li 等[141]指出,该算法没有对左右对角化矩阵进行任何约束,因此有可能收敛到奇异解。为了提高非对称联合对角化算法的收敛速度,并避免算法收敛到奇异解,张伟涛等[142]提出一个带约束项的非正交联合对角化代价函数,得到一种快速非对称非正交联合对角化(Nonsymmetric Nonorthogonal Joint Diagonalization,NNJD)算法。由于上述优点,本章采用 NNJD 算法对 SOBI 进行改进。

目前,BSS 技术在结构模态参数识别中的应用普遍存在一个问题:只能应用于实模态情况,当系统阻尼为一般阻尼(复模态情况)时,应用受到限制。针对上述局限性,文献[14, 136, 137]比较了 AMUSE、SOBI 与基于高阶统计量的 ICA 在结构模态识别中的各自优势和不足,指出 SOBI 方法具有较好的抗噪性。McNeill[133]基于 SOBI 算法,提出了能够识别复模态系统的盲模态辨识(Blind Modal Identification,BMID)算法,高层建筑结构实验证明了 BMID 算法的有效性。付志超等[135]进一步将健壮型 R-SOBI 算法引入结构模态识别中,四自由度的弹簧-质量系统的仿真试验证明了该方法具有更强的抗噪性。应当指出,文献[14, 133, 135]采用的 SOBI 均是基于正交联合近似对角化,所以导致盲源分离结果有时可能不够准确。

针对基于正交联合近似对角化的 SOBI 存在累积误差和普通 BSS 不能识别复模态参数这两点不足,本章提出了基于非对称非正交 JAD 的扩展型 SOBI 的模态参数识别方法:首先基于复模态理论,应用希尔伯特变换增加虚拟测点,对原信号进行有效的扩阶来构建分析信号;然后白化处理分析信号,对不同时延的二阶协方差矩阵进行非对称非正交联合近似对角化,得到的混合矩阵作为模态振型;最后对单自由度模态响应提取模态频率和阻尼比,从而实现对结构模态参数的识别。

4.2 结构振动响应与盲源分离

4.2.1 自由振动响应分析

由于自由振动响应含有丰富的结构振动信息,很多模态参数识别方法,如

ITD 法、随机减量法、NExT 法、ERA 法等也是以自由振动响应为基础而展开的,因此它是模态识别中最为理想的信号源形式,研究自由振动响应对模态参数识别方法的发展有着重要的意义。

根据结构动力学理论,一个 n 自由度线性系统的自由振动方程为

$$\boldsymbol{M}\ddot{\boldsymbol{x}}(t) + \boldsymbol{C}\dot{\boldsymbol{x}}(t) + \boldsymbol{K}\boldsymbol{x}(t) = 0 \tag{4.1}$$

式中:$\boldsymbol{C}$ 为阻尼矩阵,$\boldsymbol{C} = \alpha\boldsymbol{M} + \beta\boldsymbol{K}$,$\alpha$ 和 β 为比例常数,符合此式的阻尼称为比例阻尼;$\boldsymbol{M}$、$\boldsymbol{K}$ 分别为系统的质量矩阵和刚度矩阵;$\boldsymbol{x}(t)$ 、$\dot{\boldsymbol{x}}(t)$ 、$\ddot{\boldsymbol{x}}(t)$ 分别为位移、速度、加速度向量。

对于比例阻尼或小阻尼系统,其自由衰减振动响应可表示为

$$\boldsymbol{x}(t) = \sum_{i=1}^{n} \varphi_i \alpha_i \exp(-\xi_i t)\cos(\omega_i t + \varphi_i) \tag{4.2}$$

式中:ξ_i、ω_i、φ_i 分别为系统第 i 阶模态的阻尼比、固有频率和相位角;α_i 为常数;φ_i 为第 i 阶模态的振型系数,它反映了该阶模态的振动形状,其物理意义可以理解为各阶模态对响应的贡献量,其数学意义可以理解为加权系数。

进行坐标变化,自由振动响应可以表示为

$$\boldsymbol{x}(t) = \sum_{i=1}^{n} \varphi_i q_i(t) \tag{4.3}$$

式中:$q_i(t)$ 为成共轭对出现的复值单调简谐函数,$q_i(t) = \alpha_i \exp(-\xi_i t)\cos(\omega_i t + \varphi_i)$,物理位移响应可以看成是模态响应由振型向量线性组合而成。由于 φ_i 也是成共轭对出现的复值,因此物理位移响应 $\boldsymbol{x}(t)$ 为实值[15]。

4.2.2 振动响应模型与 BSS 模型

振动系统的响应模型可以由该系统每一阶的模态响应经模态振型矩阵混合而成,写成矩阵的形式:

$$\boldsymbol{x} = \boldsymbol{\Phi}\boldsymbol{q} \tag{4.4}$$

为了与盲源分离进行比较,其模态响应表示为

$$\boldsymbol{q} = \boldsymbol{\Phi}^{-1}\boldsymbol{x} \tag{4.5}$$

在只考虑实模态的情况下,振型矩阵 $\boldsymbol{\Phi}$ 或其逆矩阵 $\boldsymbol{\Phi}^{-1}$ 是实数矩阵,对比 BSS 生成模型与振动响应模型,在不考虑加性噪声的情况下,两者在组成形式上是相同的。实际上,振动系统的物理响应 $\boldsymbol{x}$ 由于测量等其他环境因素,也是存在噪声的。因此,盲源分离矩阵(或混合矩阵)与振型矩阵的关系可以表示为

$$\boldsymbol{\Phi} \approx \boldsymbol{A} = \boldsymbol{W}^{-1} \tag{4.6}$$

同样的,源信号 $\boldsymbol{s}(t)$ 与模态响应 $\boldsymbol{q}(t)$ 存在如下关系:

$$\boldsymbol{q}(t) \approx \boldsymbol{s}(t) \tag{4.7}$$

应用单模态识别技术(如时域峰值法)可以得到系统固有频率和阻尼比。注意,由于盲源分离的自身性质,振型矩阵、模态响应与混合矩阵、源信号之间会存在幅值的不确定性,但这只是一个数值比例问题,不会影响模态参数的识别。

对于阻尼矩阵可被固有振型对角化的振动系统(实模态),其自由响应可描述为

$$x(t) = \sum_{i=1}^{n} \varphi_i q_i(t) = \sum_{i=1}^{n} \varphi_i \alpha_i \exp(-\xi_i t)\cos(\omega_i t + \varphi_i) \tag{4.8}$$

每一阶的模态响应 $q_i(t)$ 具有唯一的模态频率,模态响应是衰减的简谐波,可认为是准循环波,衰减率由 ξ_i 控制,在频带内不存在剧烈变化,这使得可以近似的认为模态响应间互不相关。通过分析模态响应性质,可以得到结论:如果固有频率互相不能通约,那么模态响应之间是可以认为相互独立的[15, 133]。实际上,由于阻尼和采样等因素的制约,实际应用中这种独立性是近似的。

通过以上分析可知,应用 BSS 技术进行模态参数识别是切实可行的。

4.3 非对称非正交联合对角化算法

基于四阶累积量的 JAD 算法是 SOBI 方法的核心部分。现有的联合对角化算法可以分为两种:正交联合对角化算法[143, 144]和非正交联合对角化算法[139, 140, 142]。其中,正交联合对角化算法约束对角化矩阵为正交矩阵;而非正交联合对角化算法并无此约束,其对角化矩阵为普通矩阵。

Cardoso 首先提出了 Givens 旋转方法[145]来解决正交联合对角化问题。SOBI 算法就是在正交联合对角化算法的基础上提出来的。事实上,对角化矩阵的正交性约束破坏了最小二乘标准,在正交化预处理阶段的误差不能在随后的分离阶段中被校正,最终影响了 JAD 的性能。因此有非对称非正交联合对角化算法被提出。

4.3.1 非对称非正交 JAD 的代价函数

对于复数矩阵集合 $\boldsymbol{R} = \{\boldsymbol{R}_1, \boldsymbol{R}_2, \cdots, \boldsymbol{R}_K\}$,$\forall k \in \{1, 2, \cdots, K\}$,$\boldsymbol{R}_k \in \boldsymbol{C}^{N \times N}$,

联合对角化的目标就是要寻找非奇异的对角化矩阵 $\boldsymbol{W}$ 使矩阵 $\boldsymbol{W}^{\mathrm{H}}\boldsymbol{R}_k\boldsymbol{W}, \forall k \in \{1,2,\cdots,K\}$ 变成对角矩阵。事实上,联合对角化是矩阵特征值问题的推广。当集合中的矩阵个数 $K=1,2$ 时,联合对角化分别对应于单个矩阵的特征值分解和矩阵束的广义特征分解,因此对角化可以准确得到;当 $K>2$ 时,联合对角化只能通过优化某一代价函数近似得到,经典的代价函数有 Yeredor[139]提出的最小二乘对称代价函数:

$$J(\boldsymbol{A},\boldsymbol{\Lambda}_1,\cdots,\boldsymbol{\Lambda}_K)=\sum_{k=1}^{K}\|\boldsymbol{R}_k-\boldsymbol{A}\boldsymbol{\Lambda}_k\boldsymbol{A}^{\mathrm{H}}\|_{\mathrm{F}}^2 \tag{4.9}$$

式中:$\boldsymbol{A}$ 为混合矩阵;$\boldsymbol{\Lambda}_k$ 为对角矩阵;$\|\cdot\|_{\mathrm{F}}$ 为 Frobineus 范数。

可以看出由式(4.9)定义的代价函数是混合矩阵的四次函数,因此代价函数关于 $\boldsymbol{A}$ 的直接最小化不易求解。由于此代价函数没有对 $\boldsymbol{A}$ 进行任何非奇异性约束,因此算法有可能收敛到奇异解,导致源信号不能完全分离。为此,张伟涛等[142]提出如下代价函数:

$$J(\boldsymbol{W},\boldsymbol{V})=J_1(\boldsymbol{W},\boldsymbol{V})-J_2(\boldsymbol{W},\boldsymbol{V}) \tag{4.10}$$

式中

$$J_1(\boldsymbol{W},\boldsymbol{V})=\sum_{k=1}^{K}\sum_{i\neq j}^{N}|[\boldsymbol{W}^{\mathrm{H}}\boldsymbol{R}_k\boldsymbol{V}]_{ij}|^2 \tag{4.11}$$

$$J_2(\boldsymbol{W},\boldsymbol{V})=\log|\det(\boldsymbol{W}\boldsymbol{V})| \tag{4.12}$$

其中:$[\cdot]_{ij}$ 为矩阵的第 i 行第 j 列元素;$\det(\cdot)$ 为矩阵行列式。

与文献[140]不同,文献[142]提出的非对称代价函数试图从正向解决联合对角化问题。代价函数中的 $J_1(\boldsymbol{W},\boldsymbol{V})$ 计算矩阵 $\boldsymbol{W}^{\mathrm{H}}\boldsymbol{R}_k\boldsymbol{V}$ 非对角元素的平方和,所以 $J_1(\boldsymbol{W},\boldsymbol{V})$ 的大小衡量了矩阵接近对角矩阵的程度。代价函数中的 $J_2(W,V)$ 是避免 W 和 V 非奇异的约束项,当 W 和 V 接近奇异时,就会导致代价函数趋于无穷大。此代价函数的最小化不仅可以完成矩阵 $W^{\mathrm{H}}\boldsymbol{R}_k\boldsymbol{V}$ 的对角化,而且保证了左右对角化矩阵的非奇异性。

4.3.2 非对称非正交 JAD 的算法实现

代价函数式(4.10)的最小化可以使用经典的梯度下降法,但是梯度下降法的收敛速度一般较慢,而且要在收敛速度和稳态误差之间做权衡来选择合适的迭代步长,因此其步长选择是一个难题。为了使算法快速收敛,文献[142]采用一种循环最小化技术[146]来实现代价函数的极值求解,其实现过程如下:

当 $m=0$ 时,选择一个初始值 $\boldsymbol{V}(0)=[\boldsymbol{v}_1(0),\cdots,\boldsymbol{v}_N(0)]\in\boldsymbol{C}^{N\times N}$,对于

迭代次数 $m=1,2,\cdots$，按照下面步骤交替更新 $\boldsymbol{W}$ 和 $\boldsymbol{V}$ 直到算法收敛：

$$\boldsymbol{W}(m)=\arg\min_{\boldsymbol{W}} J(\boldsymbol{W},\boldsymbol{V}(m-1)) \tag{4.13}$$

$$\boldsymbol{V}(m)=\arg\min_{\boldsymbol{V}} J(\boldsymbol{W}(m),\boldsymbol{V}) \tag{4.14}$$

上面的循环最小化方法将代价函数式(4.10)的优化问题转化为式(4.13)和式(4.14)两个比较简单的子优化问题。由于式(4.13)和式(4.14)的最小化在实现步骤上是完全相同的，因此下面仅给出式(4.13)的最小化过程。

为了方便表述，令 $\boldsymbol{U}=[u_1,\cdots,u_N]=\boldsymbol{V}(m-1)$，$\boldsymbol{W}=[w_1,\cdots,w_N]$，则式(4.13)可以表示为

$$\boldsymbol{W}(\boldsymbol{m})=\arg\min_{\boldsymbol{W}} \boldsymbol{J}(\boldsymbol{W},\boldsymbol{U}) \tag{4.15}$$

$\forall n\in\{1,\cdots,N\}$，更新矩阵 $\boldsymbol{W}$ 的第 n 列 $\boldsymbol{w}_n$ 来最小化式(4.15)。

首先将式(4.11)化简：

$$\begin{aligned} J_1(W,U) &= \sum_{k=1}^{K}\sum_{i\neq j}^{N} |\boldsymbol{w}_i^{\mathrm{H}}\boldsymbol{R}_k\boldsymbol{u}_j|^2 \\ &= \sum_{k=1}^{K}\sum_{i\neq j}^{N} \boldsymbol{w}_i^{\mathrm{H}}\boldsymbol{R}_k\boldsymbol{u}_j\boldsymbol{u}_j^{\mathrm{H}}\boldsymbol{R}_k\boldsymbol{w}_i \\ &= \sum_{i=1}^{N} \boldsymbol{w}_i^{\mathrm{H}}\left\{\sum_{k=1}^{K}\boldsymbol{R}_k\left[\sum_{i\neq j}^{N}\boldsymbol{u}_j\boldsymbol{u}_j^{\mathrm{H}}\right]\boldsymbol{R}_k^{\mathrm{H}}\right\} w_i \end{aligned} \tag{4.16}$$

再将式(4.12)中矩阵行列式按照 $\boldsymbol{W}$ 的第 n 列展开，可得

$$\begin{aligned} J_2(\boldsymbol{W},\boldsymbol{U}) &= \log|\det(\boldsymbol{W})|+\log|\det(\boldsymbol{U})| \\ &= \log|\det(\boldsymbol{w}_n^{\mathrm{H}}\boldsymbol{w}_n)|+\log|\det(\boldsymbol{U})| \end{aligned} \tag{4.17}$$

式中：$\boldsymbol{w}_n=[w_{1n},\cdots,w_{Nn}]^{\mathrm{H}}$ 为由 $\boldsymbol{w}_n$ 中的元素对应的代数余子式组成列向量，w_{in} 是矩阵 $\boldsymbol{W}$ 中元素 $\boldsymbol{W}_{in}$ 对应的代数余子式。

令 $Q_i=\sum_{k=1}^{K}R_k\left[\sum_{i\neq j}^{N}\boldsymbol{u}_j\boldsymbol{u}_j^{\mathrm{H}}\right]R_k^{\mathrm{H}}$，并将式(4.16)和式(4.17)代入式(4.15)，得到简化代价函数：

$$J(\boldsymbol{W},\boldsymbol{U})=\sum_{i=1}^{N}\boldsymbol{w}_i^{\mathrm{H}}\boldsymbol{Q}_i\,\boldsymbol{w}_i-\log|\det(\boldsymbol{\omega}_n^{\mathrm{H}}\,\boldsymbol{w}_n)|+\log|\det(\boldsymbol{U})| \tag{4.18}$$

则简化后的代价函数式(4.18)关于 $\boldsymbol{w}_n$ 的共轭梯度及海塞(Hessian)矩阵分别为

$$\nabla_{\boldsymbol{w}_n}J(\boldsymbol{W},\boldsymbol{U})=\boldsymbol{Q}_n\,\boldsymbol{w}_n-\frac{\boldsymbol{\omega}_n}{2\,\boldsymbol{w}_n^{\mathrm{H}}\boldsymbol{\omega}_n} \tag{4.19}$$

$$\nabla_{\boldsymbol{w}_n}\nabla_{\boldsymbol{w}_n}^{\mathrm{T}}J(\boldsymbol{W},\boldsymbol{U})=\boldsymbol{Q}_n \tag{4.20}$$

由于 $\boldsymbol{Q}_n$ 总是正定的,令式(4.19)等于零,得到 $\boldsymbol{w}_n$ 的最优解:

$$\boldsymbol{w}_n^{\text{opt}} = \frac{Q_n^{-1}\omega_n}{\sqrt{2\omega_n^{\text{H}}Q_n^{-1}\omega_n}} \tag{4.21}$$

对于 $n = 1,\cdots,N$, 逐次更新 $\boldsymbol{W}$ 完成一次更新,从而实现式(4.15)的最小化。注意到矩阵 Q_i 的计算式的第二个求和号的直接计算复杂度为 $O(N^3)$,而 $\boldsymbol{W}$ 的一次更新需要进行 N 次计算,因此第二个求和号的直接计算会使 $\boldsymbol{W}$ 进行一次更新关于矩阵维数的复杂度高达 $O(N^4)$,这会使整个算法的计算量增加。事实上,Q_i 中的第二个求和号可以通过下式计算:

$$\sum_{j \neq i}^{N} \boldsymbol{u}_j \boldsymbol{u}_j^{\text{H}} = \boldsymbol{U}\boldsymbol{U}^{\text{H}} - \boldsymbol{u}_i \boldsymbol{u}_i^{\text{H}} \tag{4.22}$$

由循环最小化方法可知,在更新 $\boldsymbol{W}$ 的过程中,矩阵 $\boldsymbol{U}$ 是不变的,因此整个 $\boldsymbol{W}$ 的一次更新只需要计算一次矩阵乘积 $\boldsymbol{U}\boldsymbol{U}^{\text{H}}$,而式(4.22)中等号右边第二项的计算复杂度仅为 $O(N^2)$,相对于矩阵乘积可以忽略,因此通过式(4.22)来计算 Q_i 可使 $\boldsymbol{W}$ 更新一次的计算复杂度回到 $O(KN^3)$。现将整个最小化算法(NNJD)总结如下[75]:

(1) 随机初始化 $\boldsymbol{V}(0) = [\boldsymbol{v}_1(0),\cdots,\boldsymbol{v}_N(0)]$。

(2) 根据如下子步骤完成式(4.13)的最小化,并对左对角化矩阵 $\boldsymbol{W}$ 进行一次更新:

① 结合式(4.22)计算 Q_n;

② 计算与 w_n 对应的代数余子式列向量 $\boldsymbol{\omega}_n$;

③ 按照式(4.21)计算最优解 $\boldsymbol{w}_n^{\text{opt}}$ 并用其代替 $\boldsymbol{w}_n$;

④ 重复①~②直到 $\boldsymbol{W}$ 的所有列向量完成更新。

(3)仿照步骤(2)的技术路线完成式(4.14)的最小化,并使右对角化 V 更新一次。

(4)重复步骤(2)和步骤(3),直到算法满足收敛条件,即

$$\frac{|J^{m+1}(\boldsymbol{W},\boldsymbol{V}) - J^{m}(\boldsymbol{W},\boldsymbol{V})|}{|J^{m}(\boldsymbol{W},\boldsymbol{V})|} \leqslant \varepsilon \tag{4.23}$$

式中:上标 m 表示迭代次数;ε 为某一选定的很小的正数。

另外,关于 NNJD 算法的收敛性、算法相对于矩阵集合的不变性以及算法收敛后左右对角化矩阵的关系,文献[142]进行了详细论证。

这样,算法代价函数、算法计算流程、算法性质三部分共同构成了较完整的 NNJD 理论体系,为 NNJD 应用于 SOBI 算法提供了理论基础。

4.4 基于扩展型 SOBI 的模态参数识别

目前,应用盲源分离进行模态识别大多数是直接将正规坐标视为彼此不相关的源信号,这种识别方法只适用于实模态情况,对于一般阻尼情况(复模态)无法进行有效的分离[13]。为此,文献[13]提出算法,首先将系统进行扩阶(增加虚拟测量点),对 SOBI 算法应用于模态参数识别进行扩展,使之在具有良好抗噪性的同时,且适用于一般阻尼情况。本章在 BMID 算法基础上,将 NNJD 引入 SOBI 算法,进行结构模态参数识别,称为扩展型 SOBI(Extended SOBI,ESOBI)算法。

ESOBI 算法过程[13, 15, 133]如下:

在模态参数识别方法中,考虑测量点数目等于结构模态阶数的情况,需要增加虚拟测量点,将系统的阶数扩展至原来的 2 倍,以保证能够识别出复模态振型。

考虑自由振动响应,正规坐标为指数衰减的余弦波,对于频率相同,相位移动 90°情况,不相关性依然成立。因此,可以将测量信号的相位平移 90°后作为虚拟测量点的新信号,增加虚拟测量点(扩阶)后的盲源分离混合模型可以表示为

$$\begin{bmatrix} \boldsymbol{x}_0 \\ \boldsymbol{x}_{90} \end{bmatrix} = \boldsymbol{A} \begin{bmatrix} \boldsymbol{s}_0 \\ \boldsymbol{s}_{90} \end{bmatrix} \tag{4.24}$$

式中: $\boldsymbol{x}_0$ 为观测信号; $\boldsymbol{x}_{90}$ 为 $\boldsymbol{x}_0$ 相位平移 90°后的信号,作为虚拟测量点的观测信号; s_0 为源信号; s_{90} 为 s_0 相位平移 90°后的信号,对应 $\boldsymbol{x}_{90}$。

式(4.24)中的 $\boldsymbol{A}$ 可以分解为

$$\boldsymbol{A} = [\boldsymbol{A}_0, \boldsymbol{A}_{90}] \tag{4.25}$$

进而,复模态振型表示为

$$\boldsymbol{\Phi}' = \boldsymbol{A}_0 + \mathrm{i}\boldsymbol{A}_{90} \tag{4.26}$$

扩展后的振型矩阵可以按行分割为

$$\boldsymbol{\Phi}' = \begin{bmatrix} \boldsymbol{\Phi}_0 \\ \boldsymbol{\Phi}_{90} \end{bmatrix} \tag{4.27}$$

分别对应 $\boldsymbol{x}_0$ 和 $\boldsymbol{x}_{90}$。

McNeill[13]证明了 $\boldsymbol{\Phi}_{90} \approx \pm \mathrm{i}\boldsymbol{\Phi}_0$,因此只要识别出 $\boldsymbol{\Phi}_0$ 或者 $\boldsymbol{\Phi}_{90}$,就可以得到复模态振型的估计值:

$$\boldsymbol{\Phi} = \frac{1}{2}[\boldsymbol{\Phi}_0 + \mathrm{i}\boldsymbol{\Phi}_{90}] \tag{4.28}$$

与式(4.28)相对应，模态响应的估计值可以为 $\boldsymbol{s}_0$ 或 $\boldsymbol{s}_{90}$，取平均值（为了调整幅值，系数取$\frac{1}{\sqrt{2}}$）：

$$\boldsymbol{q} \approx \boldsymbol{s} = \frac{1}{\sqrt{2}}[\boldsymbol{s}_0 + \boldsymbol{s}_{90}] \tag{4.29}$$

由于 $\begin{bmatrix} \boldsymbol{s}_0 \\ \boldsymbol{s}_{90} \end{bmatrix}$ 满足源信号不相关的假定，所以对于式(4.24)的混合模型，可以应用 SOBI 算法解决模态参数识别问题。

$\boldsymbol{x}_{90}$ 的求解可以采用希尔伯特变换，希尔伯特变换实质上是简谐波相位平移 90°的一种数学方法。实际上，$\boldsymbol{x}_0$ 和 $\boldsymbol{x}_{90}$ 就是分析信号的实部与虚部，其中 $\boldsymbol{x}_{90}$ 即为 $\boldsymbol{x}_0$ 的希尔伯特变换。另外，希尔伯特变换得到的 $\boldsymbol{x}_{90}$ 会存在误差，称为边界效应。克服这种边界效应简单且有效的方法就是镜像法，具体过程如下：

(1) 对每个测量点获得的长度为 L 的时间序列 $\boldsymbol{x}_0(t)$ 逆序排列，得到 $\boldsymbol{x}_\mathrm{r}(t)$；

(2) 构建一个临时的序列 $\boldsymbol{d}(t)$：

$\boldsymbol{d}(t) = -\boldsymbol{x}_\mathrm{r}(t), 1 \leqslant t \leqslant L$

$\boldsymbol{d}(t) = \boldsymbol{x}_0(t), L+1 \leqslant t \leqslant 2L$

$\boldsymbol{d}(t) = -\boldsymbol{x}_\mathrm{r}(t), 2L+1 \leqslant t \leqslant 3L$

(3) 对 $\boldsymbol{d}(t)$ 进行希尔伯特变换，得到 $\boldsymbol{d}_{90}(t)$；

(4) 从 $\boldsymbol{d}_{90}(t)$ 中分离出相应的 $\boldsymbol{x}_{90}(t)$。

得到 $\boldsymbol{x}_{90}$ 后，对 $\boldsymbol{x} = \begin{bmatrix} \boldsymbol{x}_0 \\ \boldsymbol{x}_{90} \end{bmatrix}$ 实施 SOBI 算法，得到信号 $\boldsymbol{s}' = \begin{bmatrix} \boldsymbol{s}_0 \\ \boldsymbol{s}_{90} \end{bmatrix}$。

由于 BSS 计算的源信号存在排序的不确定性，这就意味着应用 SOBI 得到的信号 $\boldsymbol{s}'$ 是 $\boldsymbol{s}_0$ 与 $\boldsymbol{s}_{90}$ 混合在一起的。为了能从 $\boldsymbol{s}'$ 中准确分离出 $\boldsymbol{s}_0$ 与 $\boldsymbol{s}_{90}$，采用文献[133]提出的方法：首先将 $\boldsymbol{s}'$ 相位平移 90°，记为 $\boldsymbol{s}'_{90}$；然后通过循环寻找 $\boldsymbol{s}'$ 与 $\boldsymbol{s}'_{90}$ 组成的协方差矩阵的对角线元素最大值，调换矩阵 $\boldsymbol{s}'$ 中各元素的顺序；最后分离出 $\boldsymbol{s}_0$ 与 $\boldsymbol{s}_{90}$。将其代入式(4.29)得到模态响应，然后将 $\boldsymbol{s}_0$ 和 $\boldsymbol{s}_{90}$ 代入式(4.24)，再结合式(4.25)~式(4.28)，可以得到振型 $\boldsymbol{\Phi}$。

对于识别后的模态响应，应用单自由度模态识别方法计算出模态频率与阻尼比，识别后的频率从小到大排序，并按照相应的顺序重新排列阻尼比和混合矩阵列向量，最终得到系统的模态频率、阻尼比和振型矩阵。

由此，用于模态识别的 ESOBI 算法的计算流程如下[13]：

(1) 对于自由振动响应,测试数据直接作为分析数据,记为 $\boldsymbol{x}_0(t)$;对于白噪声随机激励下的振动响应,可以计算互相关函数作为分析数据(计算互相关函数不是必须的,是可选的)。

(2) $\boldsymbol{x}_0(t)$ 相位移动 90°后的数据作为虚拟测量点的信号,记为 $\boldsymbol{x}_{90}(t)$,对 $\boldsymbol{x}_{90}(t)$ 应用镜像法消除边界效应的影响后,与 $\boldsymbol{x}_0(t)$ 组成分析矩阵 $\boldsymbol{x}(t)=\begin{bmatrix}\boldsymbol{x}_0(t)\\\boldsymbol{x}_{90}(t)\end{bmatrix}$。

(3) 对 $\boldsymbol{x}(t)$ 应用高斯窗函数进行处理,进一步消除边界效应带来的误差,提高识别精度。

(4) 对窗函数处理过的数据应用 PCA 进行数据降维,减小噪声,得到白化信号 $z(t)$ 和白化矩阵 $\boldsymbol{Q}$。

(5) 对白化信号应用 NNJD,得到对角化矩阵 $\boldsymbol{\Psi}$。

(6) 计算分离矩阵 $\boldsymbol{W}=\boldsymbol{\Psi}^{\mathrm{T}}\boldsymbol{Q}$,混合矩阵 $\boldsymbol{A}=\boldsymbol{Q}^{-1}\boldsymbol{\Psi}$。

(7) 计算源信号的估计值, $\boldsymbol{s}=\boldsymbol{W}\boldsymbol{x}$ 。

(8) 应用式(4.24)~式(4.29)得到复模态振型矩阵的估计 $\boldsymbol{\Phi}$,模态响应的估计 $\boldsymbol{q}(t)$。

(9) 应用单模态识别技术从 $\boldsymbol{q}(t)$ 中识别模态频率和阻尼比。

最后需要说明的是,BSS 自身性质决定了 ESOBI 算法计算出的模态响应会存在幅值的不确定性,但是由于模态参数的信息蕴涵在模态响应的波形中而不是振幅中,因此幅值的不确定性并不会影响模态频率、阻尼比和振型的识别。

4.5 试验与分析

4.5.1 复模态系统仿真试验

建立一个三自由度质量-弹簧系统,其质量矩阵 $\boldsymbol{M}$、阻尼矩阵 $\boldsymbol{C}$、刚度矩阵 $\boldsymbol{K}$ 如下:

$$\boldsymbol{M}=\begin{bmatrix}3&0&0\\0&2&0\\0&0&1\end{bmatrix},\boldsymbol{C}=\begin{bmatrix}0.1856&0.2290&-0.9702\\0.2290&0.0308&-0.0297\\-0.9702&-0.0297&0.1241\end{bmatrix},\boldsymbol{K}=\begin{bmatrix}4&-2&0\\-2&4&-2\\0&-2&10\end{bmatrix}$$

可得

$$CM^{-1}K = \begin{bmatrix} 0.0185 & 2.2747 & -9.9310 \\ 0.2745 & -0.0317 & -0.3278 \\ -1.2639 & 0.3392 & 1.2707 \end{bmatrix}$$

由于 $CM^{-1}K$ 并不是对称阵，其阻尼矩阵不能被固有振型对角化，因此该系统为复模态系统。

为了评价模态振型识别结果，定义一种更为广义的模态置信准则：

$$CMAC_j = \frac{|\boldsymbol{\phi}_j^{\mathrm{H}}\overline{\boldsymbol{\phi}}_j|^2}{(\boldsymbol{\phi}_j^{\mathrm{H}}\boldsymbol{\phi}_j)(\overline{\boldsymbol{\phi}}_j^{\mathrm{H}}\overline{\boldsymbol{\phi}}_j)} \tag{4.30}$$

式中：$\boldsymbol{\phi}_j$、$\overline{\boldsymbol{\phi}}_j$ 分别为不同方法识别的第 j 阶模态振型向量；$\boldsymbol{\phi}_j^{\mathrm{H}}$ 为 $\boldsymbol{\phi}_j$ 的复共轭转置，$0 \leqslant CMAC_j \leqslant 1$，$CMAC_j$ 越接近 1，说明两种方法识别的振型向量越接近。显然，式(4.30)不仅可以用来评价实模态振型，而且可以评价复模态振型。

考虑自由振动响应，位移初始条件 $x(0)=(0,0,0)^{\mathrm{T}}$，速度初始条件 $\dot{x}(0)=(0,0,0)^{\mathrm{T}}$，采样频率为 10Hz，取位移的前 150s 响应信号作为分析对象，三个自由度的位移时程及其对应的功率谱密度如图 4.1 所示。

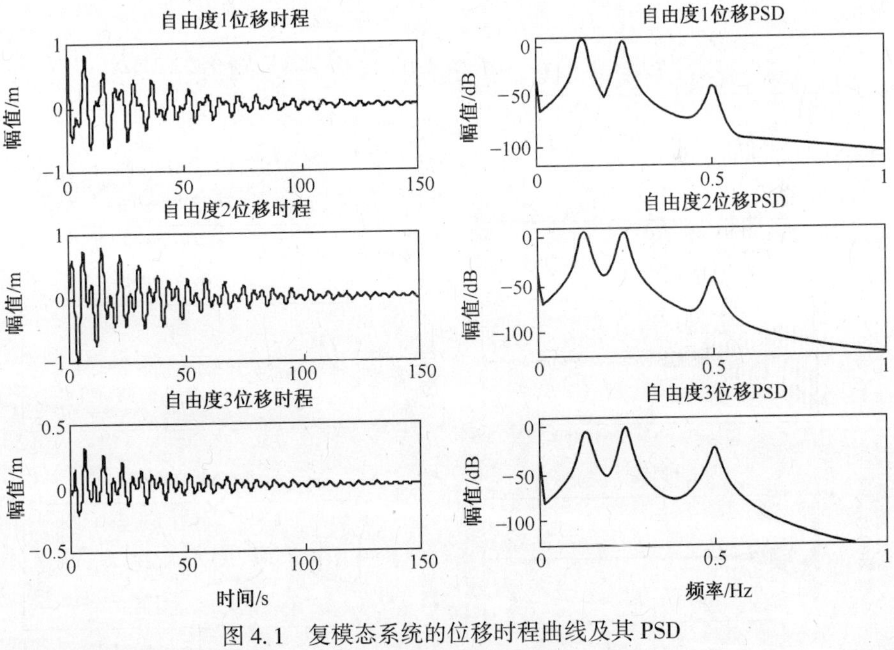

图 4.1　复模态系统的位移时程曲线及其 PSD

采用 SOBI、BMID、ESOBI 三种算法对该复模态系统进行盲源分离，分离结果分别如图 4.2～图 4.4 所示。从分离结果可以看出，SOBI 算法不能准确

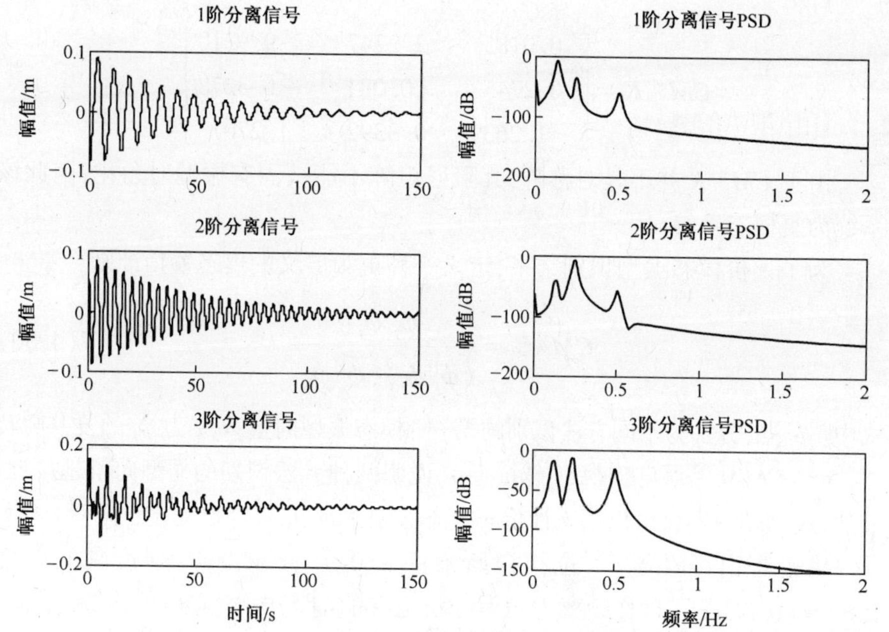

图 4.2　SOBI 算法的分离信号及其 PSD(复模态)

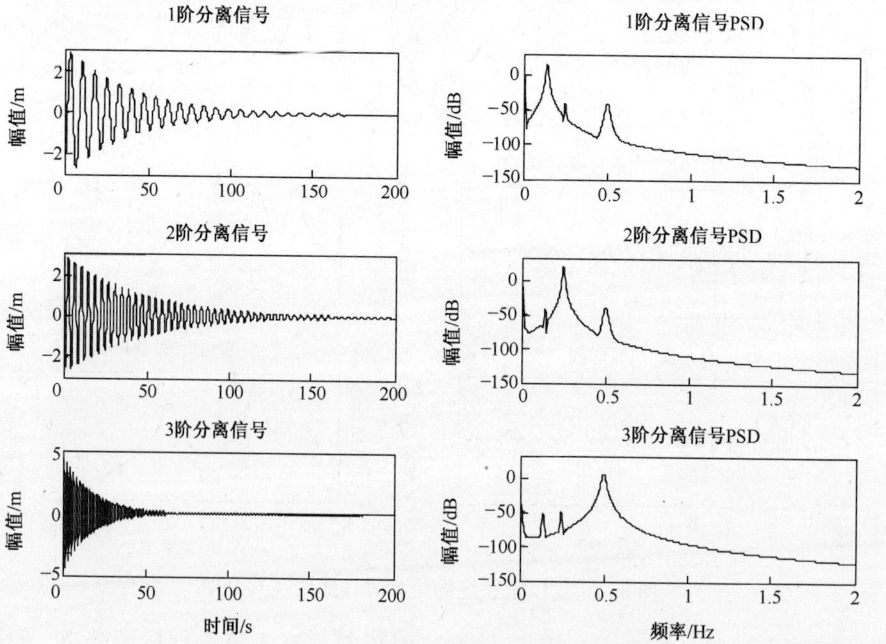

图 4.3　BMID 算法分离信号及其 PSD(复模态)

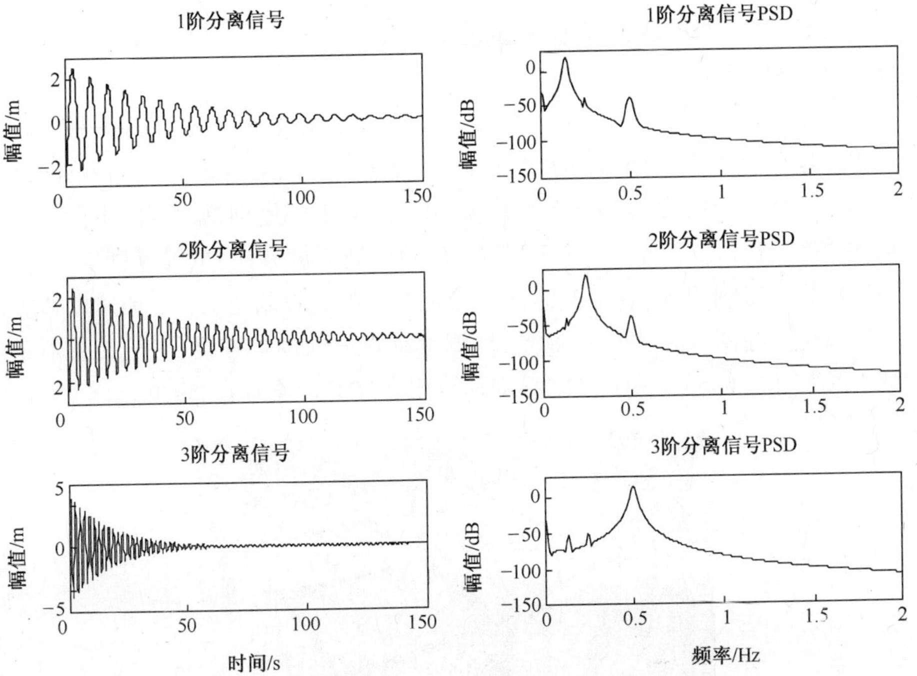

图 4.4 ESOBI 算法的分离信号及其 PSD(复模态)

将各阶模态分离开,尤其是第三阶模态,而 BMID 算法和本章提出的 ESOBI 算法能够将各阶模态分离。

BMID 和 ESOBI 两种算法的模态参数识别结果如表 4.1 所列,从表 4.1 可以看到:BMID 和 ESOBI 两种算法的模态识别精度都很好,但 ESOBI 算法稍好于 BMID 算法。

表 4.1 BMID 算法和 ESOBI 算法的模态参数识别结果

模态参数	算法	1 阶模态	2 阶模态	3 阶模态
频率/Hz	理论值	0.1358	0.2472	0.4999
	BMID	0.1357	0.2457	0.4945
	ESOBI	0.1360	0.2472	0.5001
阻尼比/%	理论值	3.02	1.37	1.71
	BMID	3.08	1.41	1.86
	ESOBI	3.03	1.40	1.73
振型 CMAC	BMID	0.9999	0.9997	1.0000
	ESOBI	0.9999	1.0000	1.0000
注:CMAC—广义模态量信准则				

4.5.2 钢框架结构模型试验

试验模型为钢框架结构，由 3 根主梁、8 根次梁、6 根立柱组成，6 根立柱嵌固在地面，模型整体尺寸为 1500mm×1150mm×564mm，如图 4.5 和图 4.6 所示。该结构的次梁为 T 字形钢，主梁和立柱为工字形钢，梁与柱、主梁与次梁均由螺栓连接。为了最大化垂直方向（垂直地面的方向）的加速度信号，减小扭转模态影响，激励点位置选在图 4.6 中的第 2 点附近。6 个加速度传感器摆放位置在图 4.6 中的 1~6 点，均测量垂直方向的加速度信号，传感器采用 ICP 加速度传感器 DH131E，振动信号测试分析系统为 DH5920N。

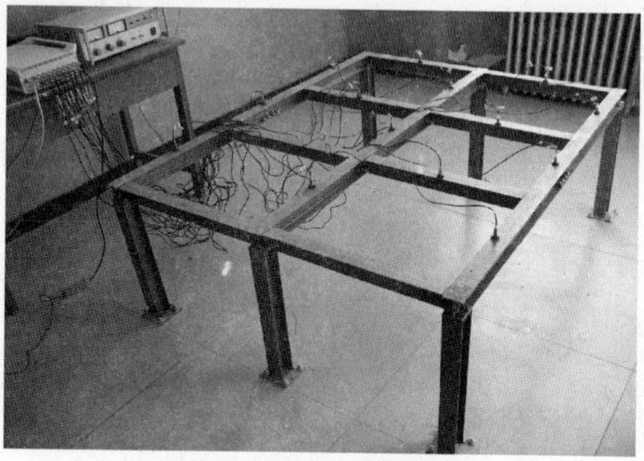

图 4.5　钢框架模型

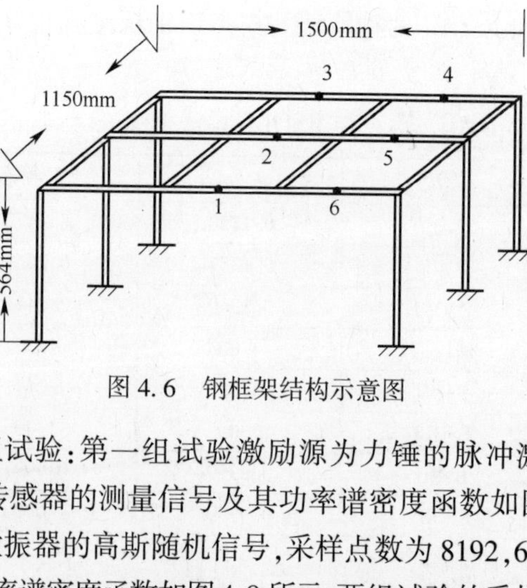

图 4.6　钢框架结构示意图

本章做了两组试验：第一组试验激励源为力锤的脉冲激励，采样点数为 1024，6 个加速度传感器的测量信号及其功率谱密度函数如图 4.7 所示；第二组试验激励源为激振器的高斯随机信号，采样点数为 8192，6 个加速度传感器的测量信号及其功率谱密度函数如图 4.8 所示，两组试验的采样频率均为 1kHz。

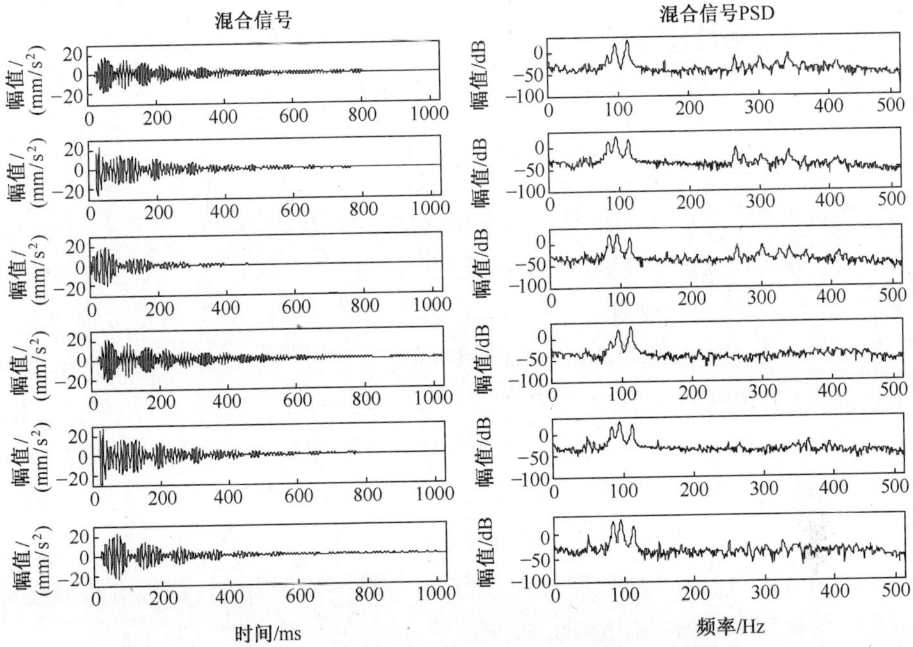

图 4.7　脉冲激励下 6 个加速度测量信号及其 PSD

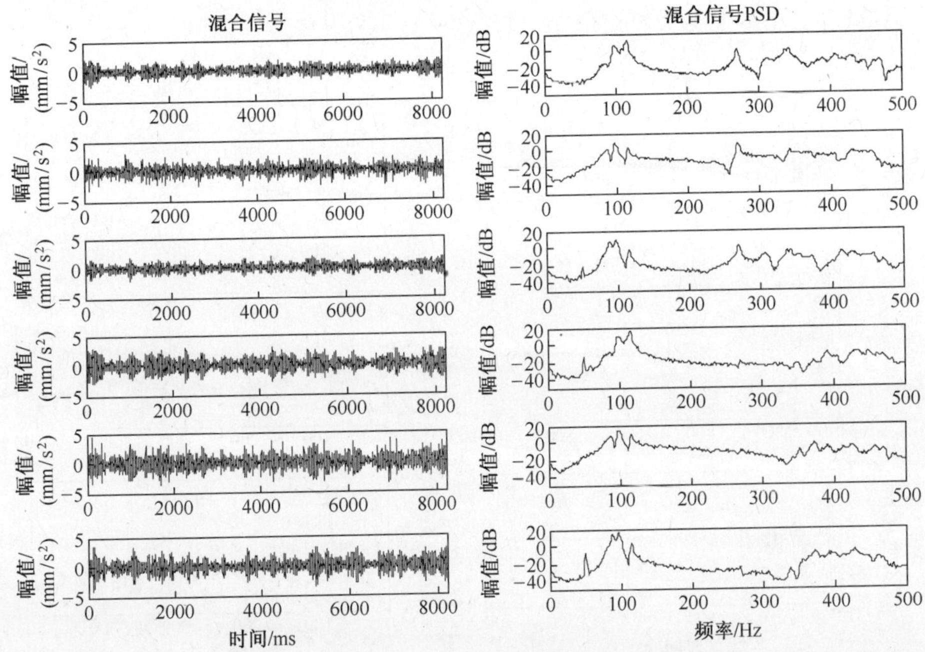

图 4.8　随机激励下 6 个加速度测量信号及其 PSD

从图 4.7 和图 4.8 中混合信号 PSD 可以看到，前三阶模态能够被激振出来，三阶之后的模态能量较小，基本上与噪声在同一等级。

本章采用 SOBI、BMID、ESOBI 三种算法分别对脉冲激励和随机激励下的结构振动响应进行了模态识别。

首先对脉冲激励作用下的振动响应进行模态识别。图 4.9 为采用 SOBI 方法得到的前三阶模态响应及其功率谱密度函数，从图 4.9 左侧的时域图可以看到，SOBI 算法基本能够识别出系统的前三阶模态响应，但是从图 4.9 右侧的 PSD 可以看到被分离的信号中存在较多的其他频率信号，属于多频率混合信号。图 4.10 为采用 BMID 算法得到的前三阶模态响应及其功率谱密度函数，从图 4.10 可以看到被分离的模态响应好于 SOBI 算法的分离结果，然而依然存在较多的干扰信号。图 4.11 为采用本章提出的 ESOBI 算法分离的前三阶模态响应及其功率谱密度函数，从模态响应的时域图和 PSD 看，前三阶模态响应的干扰信号少了很多，识别结果好于 SOBI 和 BMID 两种算法，考虑到实际结构振动信号不可能完全去除噪声，所以本章提出的算法能够将复模态系统的振动响应成功分离出前三阶模态响应。对比图 4.9、图 4.10 与图 4.11，除了分离信号的幅值不完全相同外，ESOBI 算法的模态识别精度要好于 SOBI 和 BMID 两种算法。三阶之后的模态不能识别的原因是这些模态能量较低，基本上与噪声混杂在一起，这一点可以从图 4.7 看到。

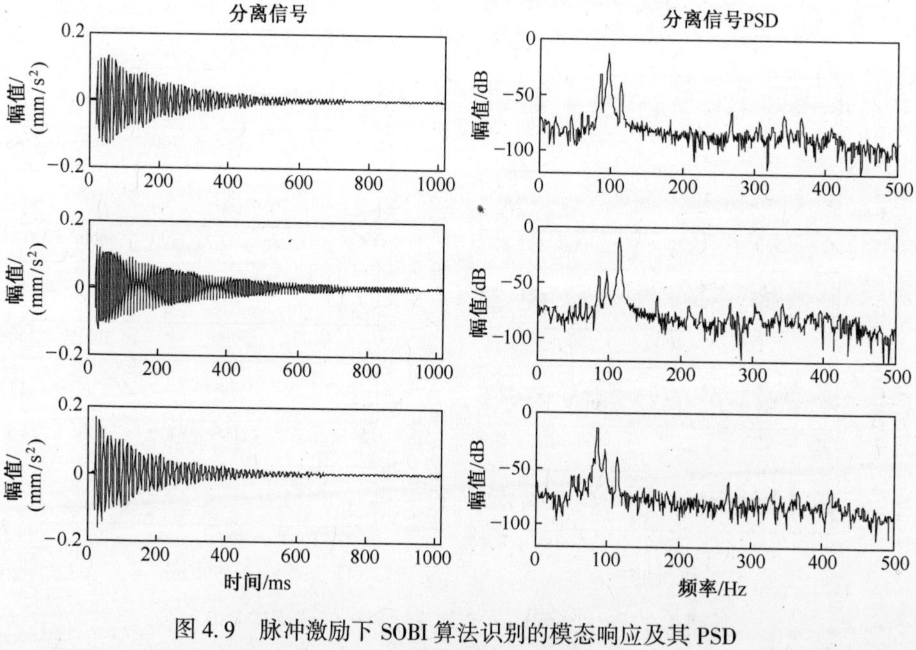

图 4.9　脉冲激励下 SOBI 算法识别的模态响应及其 PSD

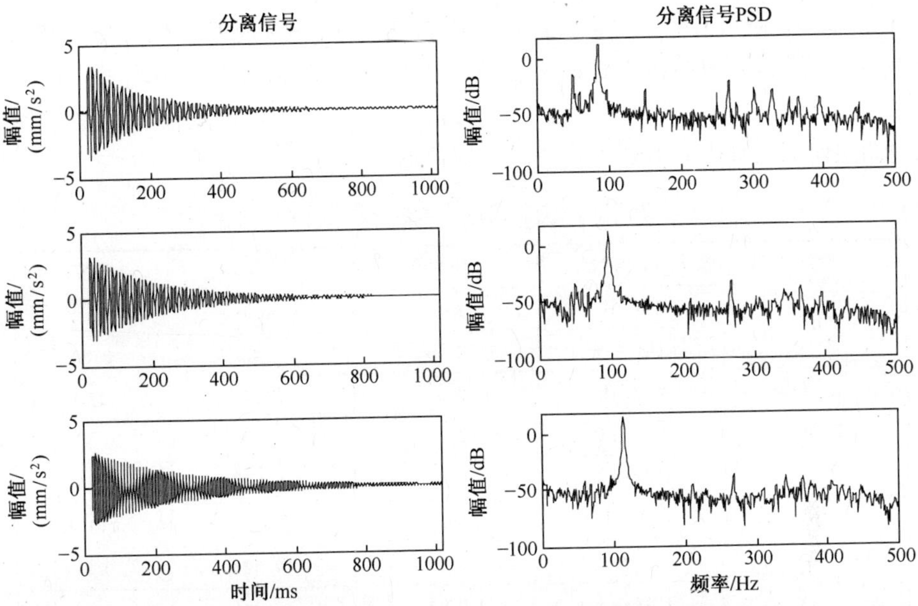

图 4.10　脉冲激励下 BMID 算法识别的模态响应及其 PSD

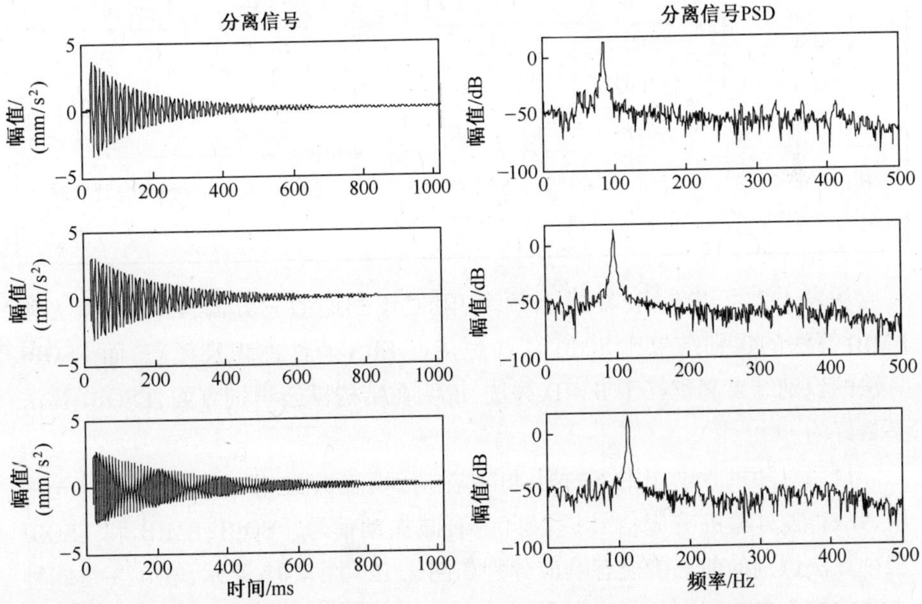

图 4.11　脉冲激励下 ESOBI 算法识别的模态响应及其 PSD

将 ESOBI 算法计算的混合矩阵作为模态振型矩阵，然后应用单模态识别方法（如时域峰值法[147]）对分离信号提取模态频率和阻尼比。为了对 SOBI、BMID、ESOBI 三种算法识别的模态结果进一步对照比较，本章同时采用特征系统实现法（ERA）[35, 38, 148]进行了模态识别，四种算法的模态识别结果如表 4.2所列。其中 CMAC 是广义模态置信准则。

表 4.2　脉冲激励下结构模态参数识别结果

算法	模态参数	1 阶模态	2 阶模态	3 阶模态
ERA	频率/Hz	85.7	96.1	113.8
	阻尼比/%	2.14	1.48	0.80
ESOBI	频率/Hz	86.1	96.2	113.9
	阻尼比/%	2.16	1.50	0.81
	CMAC12	0.94	0.99	0.98
BMID	频率/Hz	86.2	96.3	113.9
	阻尼比/%	2.18	1.52	0.81
	CMAC13	0.92	0.98	0.99
	CMAC23	0.95	0.99	0.99
SOBI	频率/Hz	86.9	96.7	114.3
	阻尼比/%	2.03	1.59	0.79
	CMAC14	0.86	0.93	0.92
	CMAC24	0.83	0.90	0.91
	CMAC34	0.84	0.89	0.91

注：CMAC12、CMAC13、CMAC23 分别表示 ERA 与 ESOBI、ERA 与 BMID、ESOBI 与 BMID 识别振型的广义模态置信准则、剩余模态置信准则值，依次类推

从表 4.2 可以看出，在模态频率、阻尼比和振型三方面，ESOBI 算法和 BMID 算法的识别结果比 SOBI 算法更接近 ERA 算法的识别模态，而 ESOBI 算法的识别结果又稍好于 BMID 算法，说明在结构模态识别方面，ESOBI 算法是最好的。

最后对随机激励作用下的振动响应进行模态识别，模态识别之前首先采用 NExT 法对随机响应信号提取自由衰减振动信号。SOBI、BMID 和 ESOBI 三种算法识别的前三阶模态响应分别如图 4.12~图 4.14 所示，表 4.3 是四种方法的模态参数识别结果。与脉冲激励下的识别结论相同：BMID 模态识别精度好于 SOBI 算法，而 ESOBI 算法识别精度又好于 BMID 算法。

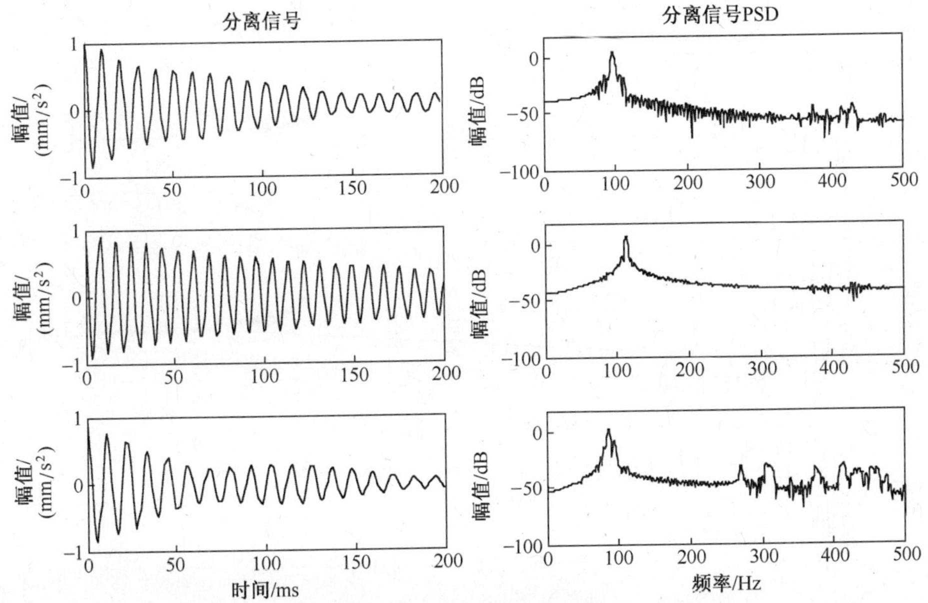

图 4.12　随机激励下 SOBI 算法识别的模态响应及其 PSD

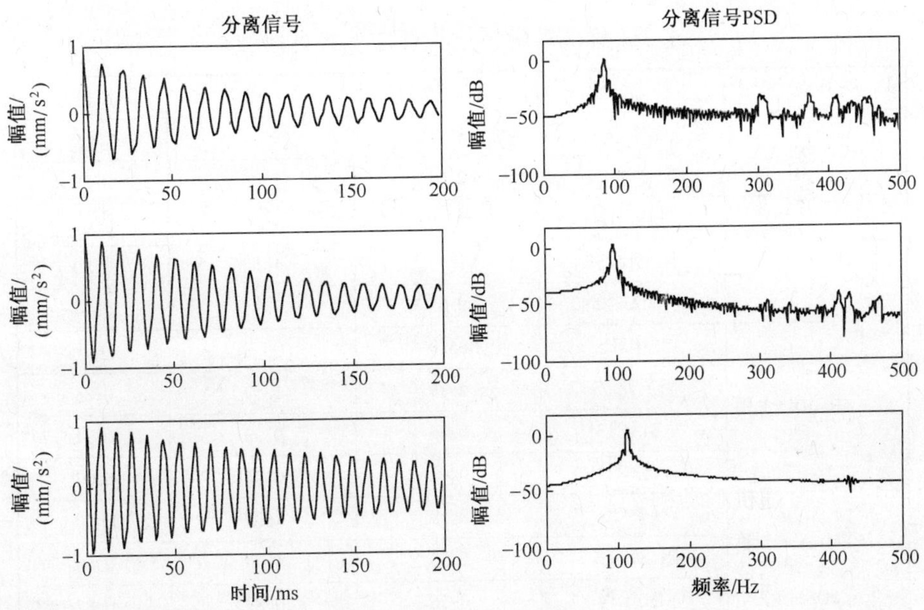

图 4.13　随机激励下 BMID 算法识别的模态响应及其 PSD

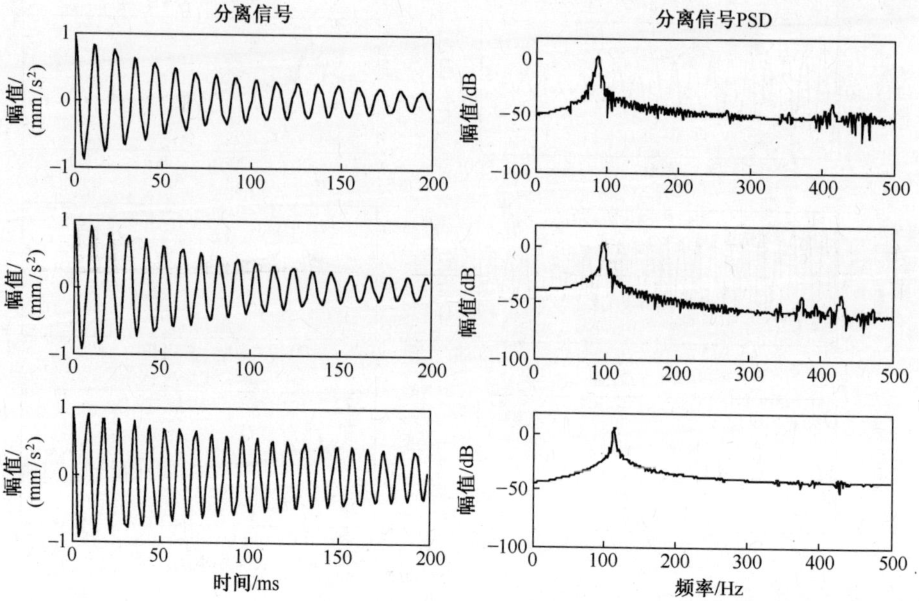

图 4.14　随机激励下 ESOBI 算法识别的模态响应及其 PSD

表 4.3　随机激励下结构模态参数识别结果

算法	模态参数	1 阶模态	2 阶模态	3 阶模态
NExT-ERA	频率/Hz	85.1	95.1	114.3
	阻尼比/%	2.11	1.43	0.83
ESOBI	频率/Hz	85.9	96.0	113.7
	阻尼比/%	2.15	1.50	0.80
	CMAC12	0.85	0.93	0.94
BMID	频率/Hz	86.0	96.8	113.1
	阻尼比/%	2.19	1.57	0.85
	CMAC13	0.83	0.93	0.91
	CMAC23	0.92	0.96	0.97
SOBI	频率/Hz	85.9	96.1	114.8
	阻尼比/%	2.53	1.45	0.69
	CMAC14	0.76	0.83	0.82
	CMAC24	0.73	0.80	0.78
	CMAC34	0.74	0.79	0.79

4.6 本章小结

本章提出了基于 NNJD 的扩展型 ESOBI 的结构模态参数识别方法。针对普通 SOBI 不能应用于复模态的情况,扩展了 SOBI 算法。首先,对结构振动响应进行希尔伯特变换,将变换后的信号作为虚拟测量点的响应信号,有效地对系统进行扩阶;然后,针对基于正交 JAD 的 SOBI 算法存在累计误差的问题,采用非对称非正交 JAD 改进 SOBI 算法。以一虚拟复模态系统和钢框架结构模型作为研究对象进行了模态参数识别,试验结果表明:基于 NNJD 的扩展型 SOBI 算法能够成功识别一般阻尼系统(复模态)的模态参数,而且识别精度高于普通 SOBI 算法和基于正交 JAD 的 SOBI 算法,显示了良好的性能,拓宽了 BSS 技术在结构模态识别中的应用范围。

第5章 基于盲源分离特征提取的结构损伤识别研究

5.1 概述

目前,大量的土木工程结构在服役过程中,不可避免地受到日常腐蚀、自然灾害、人为破坏等因素的影响,必然产生损伤累计,从而使这些建筑结构存在重大安全隐患。因此,采用有效的损伤识别方法进行损伤诊断,对可能出现的灾难提前预警具有极为重要的意义[22, 26, 149-152]。

特征提取是结构损伤识别过程中一个关键的环节,它直接影响结构状态分类器的设计以及损伤识别效果的好坏。由于盲源分离(BSS)在提取结构特征时直接利用时域数据,避免了频域法中功率泄漏等问题,同时便于在线分析,且属于无参数模型,所以近年来,BSS技术,尤其是独立分量分析技术在结构特征提取方面的应用引起了人们的广泛关注。Ypma等[10]提出以ICA为基体,与主成分分析、小波分析、功率谱密度函数和隐马尔可夫模型等特征提取方法相结合,共同提取旋转机械故障特征的联合方法。焦卫东等[8, 153]给出了三种基于ICA特征提取策略,即ICA基残余总体相关、ICA基残余互信息及ICA估计基,并将其应用于旋转机械故障诊断。Zang等[19]将ICA得到的混合矩阵直接作为特征量输入至神经网络分类器,实现了多层框架结构的损伤识别。姜绍飞等[154]将ICA分离矩阵的自相关系数作为特征量。郭明等[155]基于ICA的混合矩阵,提取出代表工况特征的投影系数矩阵,将其输入至多个支持向量机分类器,实现了故障类型的识别。Nguyen等[20]在扩展SOBI算法基础上,结合分块汉克尔矩阵概念,利用子空间角度技术识别损伤,飞机模型损伤识别和旋转机械故障诊断实验表明:即使在只有一个传感器的极端情况下,该方法提取的特征参数也能正确识别损伤。Widodo等[11]基于FastICA独立分量的均值、峰度等13个统计量,提出了距离估计准则,并应用于感应电动机的故障诊断。杨燕等[18]以结构健康状态的分离矩阵(基准滤波器)为基准,计算各种结构状态下的特征分量及其相关系数,再由相关系数计算结构特征指标,该特征指标与健康状态下特征指标的比较结果作为判断结构是否发生损伤的依据,同时将 ICA 特征指标由全局量变为局部量,在分区的概念下识别损伤位置,固支梁试验证明了 ICA 损伤特征指标能够有效识别损伤发生和损伤位置。宋华珠等[17, 156]将 FastICA 分离的独立分量作为损伤特征量,在 Benchmark 钢框架模型上进行了损伤识别试验。

目前,大多数 BSS 算法都是利用 ICA 方法实现的,很多文献将 ICA 等同于 BSS[7, 21, 157],又由于 ICA 在特征提取方面的优良性能,所以本章采用 ICA 代替 BSS 来阐述和分析 BSS 在结构特征提取中的应用。

基于 ICA 的结构特征提取方法可以分为两类:一是基于 ICA 混合矩阵的特征提取;二是基于 ICA 独立分量的特征提取。由 BSS 生成模型可知,观测信号的特征信息被分散到混合矩阵和独立分量这两个部分。如果只利用其中任一部分提取特征量,则不可避免地造成部分结构特征信息的缺失。为了提取更敏感的损伤特征,本章基于 ICA 提出了一种改进的损伤特征:基于混合矩阵的变形矩阵和独立分量统计特性的组合,并将其输入至分类器进行损伤识别。为了验证该损伤特征的有效性,本章采用了基于量子理论和 L-M 自适应调整策略的量子 BP 神经网络分类器、基于统计学习理论的支持向量机分类器、基于样本协方差矩阵的 Mahalanobis 距离非监督判别法三种分类器。

BP 神经网络作为分类器广泛地应用于结构损伤识别中,但是 BP 神经网络易陷入局部极小而得不到全局最优,收敛速度缓慢,泛化能力较差。这些缺点一定程度上限制了 BP 神经网络的分类效果[21, 158]。为此,本章将量子 BP (Quantum Back-Propagation, QBP)神经网络[159-163]引入到结构损伤识别中。QBP 神经网络基于量子学中一位相移门和两位受控非门的通用性和梯度下降法,利用量子并行计算和量子纠缠等特性来克服传统 BP 神经网络的某些固有缺陷与不足。同时,将 Levenberg-Marquardt(L-M)算法引入 QBP 神经网络中,利用 L-M 算法在梯度下降法和高斯-牛顿法之间的自适应调整能力来优化 QBP 神经网络输出层的权值,进而提高 QBP 神经网络的收敛速度、全局收敛性和鲁棒性。

与基于经验风险最小化原理的神经网络相比,SVM 体现了结构风险最小化原理,SVM 以统计学习理论为理论基础,较好地解决了神经网络中存在的过学习和欠学习问题,在解决小样本、非线性及高维模式识别问题中表现出许多特有的优势,具有优良的推广能力。鉴于上述优点,本章采用径向基核函数实现输入空间的非线性变换,基于 SVM 多层分类器实现结构状态的多类分类功能。

Mahalanobis 距离考虑了数据样本各种特性之间的联系,是一种加权的欧几里得距离,其权函数是参考数据总体的协方差的逆矩阵,所以 Mahalanobis 距离是一种有效计算两个样本集相似度的方法。Mahalanobis 距离属于非监督判别法,在难以获得损伤训练样本的实际工程中,Mahalanobis 距离判别法的应用显得很有意义。

5.2 ICA 特征提取

原始数据可能很多,或者说数据样本处于一个高维空间中,通过映射的方法可以用低维空间来表示样本,这个过程称为特征提取[164]。ICA 虽然存在幅值不确定性和排序不确定性,但是源信号的大部分信息蕴涵在信号波形中,而不是信号的排列次序和幅值上,因此两个不确定性并不会影响 ICA 在特征提取中的应用。

观察无噪 ICA 生成模型 $\boldsymbol{x}(t)=\boldsymbol{As}(t)$ 和分离模型 $\boldsymbol{y}(t)=\boldsymbol{Wx}(t)$ (其中 $\boldsymbol{A}$ 、$\boldsymbol{x}(t)$ 、$\boldsymbol{s}(t)$ 、$\boldsymbol{W}$ 、$y(t)$ 分别为混合矩阵、观测信号、源信号、分离矩阵、独立分量,且 $\boldsymbol{A}=\boldsymbol{W}^{-1}$,$\boldsymbol{y}(t) \approx \boldsymbol{s}(t)$),可以发现,混合矩阵 $\boldsymbol{A}$ 能够反映源信号与观测信号之间的关系,独立分量 $\boldsymbol{y}(t)$ 能够体现观测信号的变化,所以对于小阻尼结构,混合矩阵 $\boldsymbol{A}$ 和独立分量 $\boldsymbol{y}(t)$ 对应着蕴含重要状态信息的结构模态,它们能够表征结构的损伤变化[19]。

目前,基于 ICA 的结构特征提取方法大致分为两种:一是利用 ICA 混合矩阵或分离矩阵的特征指数[8, 10, 19, 153, 154];二是利用 ICA 分离的独立分量或其统计量指数[11, 17, 18, 156]。由 ICA 生成模型可知,观测信号的特征信息被分散到混合矩阵和独立分量这两个部分。因此,如果只利用其中任一部分提取特征,就会不可避免地造成部分结构特征信息的缺失。为了提取更敏感的损伤特征,本章提出了一种改进的损伤特征:首先采用 ICA 提取表征结构特性的独立分量和混合矩阵;然后计算各独立分量的前四阶统计特性,并将混合矩阵变形为单一列向量,前四阶统计量与混合矩阵变形后的列向量的组合共同作为结构损伤特征指标;最后将其输入至状态分类器进行损伤识别。

随机信号不能用明确的数学关系式来表达,它反映的通常是一个随机过程,只能用概率和统计的方法来描述。下面分别介绍信号的前四阶统计特性:

均值、方差、斜度和峭度。

均值 c_1 能够描述信号的平均水平,即信号的静态分量。若信号 $x(t)$ 为采样所获得的一组离散数据 $x_1,x_2,\cdots,x_N$,则其数学表达式为

$$c_1 = \frac{1}{N}\sum_{i=1}^{N} x_i \tag{5.1}$$

方差 c_2 表示随机信号 $\boldsymbol{x}(t)$ 偏离其均值 c_1 的程度,它描述数据的动态分量,与随机振动的能量成比例。其数学表达式为

$$c_2 = \frac{1}{N}\sum_{i=1}^{N} (x_i - c_1)^2 \tag{5.2}$$

对于零均值的离散振动信号 $x_1,x_2,\cdots,x_N$,其斜度和峭度分别为

$$c_3 = \frac{1}{N}\sum_{i=1}^{N} x_i^3 \tag{5.3}$$

$$c_4 = \frac{1}{N}\sum_{i=1}^{N} x_i^4 - 3c_2^2 \tag{5.4}$$

斜度 c_3 反映随机信号的幅值概率密度函数对于纵坐标的不对称性,越不对称, c_3 越大。峭度 c_4 对大幅值非常敏感,当其概率增加时, c_4 值将迅速增大,这有利于探测奇异振动信号。

5.3 基于 ICA-QBP 的结构损伤判别

BP 算法是迄今为止最著名的多层神经网络算法,体现了人工神经网络最精华的部分,在函数逼近、模式识别等领域得到了广泛应用。传统的 BP 算法是基于梯度下降法的学习算法,学习过程是通过调整权值和阈值,使输出期望值和神经网络实际输出的均方误差趋于最小而实现,但是它只用到均方误差函数对权值和阈值的一阶导数(梯度)的信息,使得算法存在收敛速度缓慢、易陷入局部极小等缺陷。

L-M 算法是梯度下降法和牛顿法的结合,L-M 算法的基本思想是使其每次迭代不再沿着单一的负梯度方向,而是允许误差沿着恶化方向进行搜索,同时通过在最速梯度法和高斯-牛顿法之间自适应调整来优化网络权值,L-M 算法比传统 BP 算法迭代次数少、收敛速度快、精确度高[165]。考虑到 L-M 算法的上述优点,本节采用 L-M 算法优化 BP 网络的权值。

另外,由于量子计算比传统计算具有更强的并行性、更好的种群多样性和

全局搜索能力,所以本节将量子理论中的概念和思想引入 BP 网络中,构造出 QBP 网络。

QBP 的技术路线:首先基于量子理论中一位相移门和两位受控非门的通用性,构造出量子神经元;然后由该量子神经元构造隐含层,旋转参数和翻转参数采用梯度下降法进行学习,输出层采用传统神经元构造,连接权值采用 L-M 算法进行自适应学习。

可见,QBP 不仅利用了 L-M 算法在梯度下降法和高斯-牛顿法之间的自适应调整能力,而且利用了量子并行计算和量子纠缠等特性来克服传统 BP 网络的某些固有缺陷,具有广泛的应用前景[162, 163, 166, 167]。

5.3.1 量子位和通用量子门

在量子计算系统中,为了描述量子计算电路的状态,而引入量子位的概念,作为传统计算中"位"的对应物。在量子计算中,量子位信息 $|\phi\rangle$ 由 $|0\rangle$ 和 $|1\rangle$ 这两个量子态的叠加来表达:

$$|\phi\rangle = \alpha|0\rangle + \beta|1\rangle \tag{5.5}$$

式中:α、β 为量子态 $|\phi\rangle$ 的两个概率幅,即量子态 $|\phi\rangle$ 或者以 $|\alpha|^2$ 的概率坍缩到 $|0\rangle$,或者以 $|\beta|^2$ 的概率坍缩到 $|1\rangle$,且 $|\alpha|^2 + |\beta|^2 = 1$。因此,量子位也可由概率幅表示为 $|\phi\rangle = [\alpha\ \beta]^{\mathrm{T}}$。

在量子计算中,对量子位的状态进行一系列的酉变换,可以实现某些逻辑功能,这些变换的作用相当于逻辑门所起的作用,因此在一定时间间隔内实现逻辑变换的量子装置称为量子门。与经典比特中与非门的通用性类似,在量子门中存在着通用量子门组,由它们可以组成任意的量子门,最基本的通用量子门组由一位相移门和两位受控非门组成[160]。

一位相移门的定义为

$$\boldsymbol{R}(\theta) = \begin{bmatrix} \cos\theta & -\sin\theta \\ \sin\theta & \cos\theta \end{bmatrix} \tag{5.6}$$

令量子态 $|\phi\rangle = \begin{bmatrix} \cos\theta_0 \\ \sin\theta_0 \end{bmatrix}$,$|\phi\rangle$ 在 $\boldsymbol{R}(\theta)$ 作用下可得 $\boldsymbol{R}(\theta)|\phi\rangle = \begin{bmatrix} \cos(\theta_0 + \theta) \\ \sin(\theta_0 + \theta) \end{bmatrix}$,显然 $\boldsymbol{R}(\theta)$ 起到相位移动的作用。

量子非门的作用是兑换量子位的两个概率幅,其定义为

$$U=\begin{bmatrix}0 & 1\\ 1 & 0\end{bmatrix} \tag{5.7}$$

由 $U|\phi\rangle=\begin{bmatrix}\cos\theta_0\\ \sin\theta_0\end{bmatrix}=\begin{bmatrix}\cos(\pi/2-\theta_0)\\ \sin(\pi/2-\theta_0)\end{bmatrix}=R(\pi/2-2\theta_0)|\phi\rangle$ 可知，量子非门的作用也是一种相位旋转。因此，受控非门可由下式实现：

$$C(k)=\begin{bmatrix}\cos(k\pi/2-2\theta_0) & -\sin(k\pi/2-2\theta_0)\\ \sin(k\pi/2-2\theta_0) & \cos(k\pi/2-2\theta_0)\end{bmatrix} \tag{5.8}$$

其受控作用根据受控参数 k 的取值，可分为以下三种情况[161, 162]：

（1）当 $k=1$ 时，$C(k)|\phi\rangle=\begin{bmatrix}\sin\theta_0\\ \cos\theta_0\end{bmatrix}$，使 $|\phi\rangle$ 翻转；

（2）当 $k=0$ 时，$C(k)|\phi\rangle=\begin{bmatrix}\cos\theta_0\\ -\sin\theta_0\end{bmatrix}$，此时虽然量子态 $|1\rangle$ 的概率幅发生了相位反转，但观察概率并未改变，所以，此时可认为 $|\phi\rangle$ 未翻转；

（3）当 $0<k<1$ 时，$C(k)|\phi\rangle=\begin{bmatrix}\cos(k\pi/2-\theta_0)\\ \sin(k\pi/2-\theta_0)\end{bmatrix}$。

5.3.2 量子神经元模型

基于通用量子门演化的量子神经元模型包括输入、移相、聚合、翻转、输出五部分，其中输入用量子位表示，如图 5.1 中的 $|x_i\rangle$，输出为量子位处于状态 $|1\rangle$ 的概率幅，移相、翻转分别由量子旋转门 $R(\theta_i)$ 和受控非门 $U(\gamma)$ 实现[161, 162]。模型如图 5.1 所示。

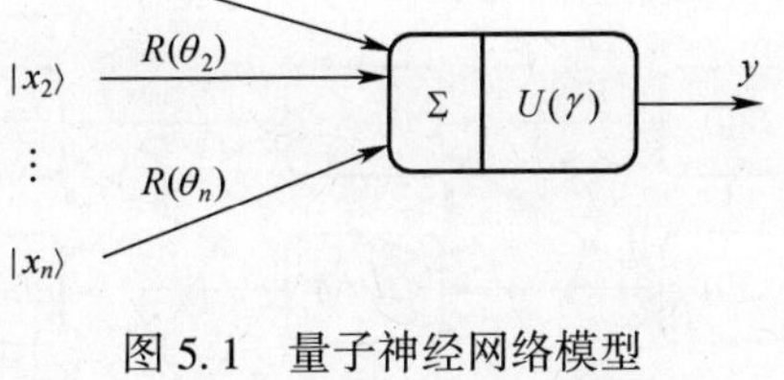

图 5.1 量子神经网络模型

图 5.1 中的量子旋转门 $R(\theta_i)$ 的定义见式(5.6)，受控非门 $U(\gamma)$ 的定义为

$$U(\gamma)=C(f(\gamma)) \tag{5.9}$$

式中：$f(\cdot)$ 是 S 型函数，即 $f(\gamma)=\dfrac{1}{1+\exp(-\gamma)x}$；$\boldsymbol{C}(\cdot)$ 的定义同式(5.8)。

输入量 $|x_i\rangle$ 分别经过 $\boldsymbol{R}(\theta_i)$ 移相后的聚合运算通过图 5.1 中的 $\sum$ 来实现，其定义为：

$$\sum_{i=1}^{n}\boldsymbol{R}(\theta_i)|x_i\rangle=[\cos\theta \quad \sin\theta]^{\mathrm{T}} \tag{5.10}$$

式中

$$|x_i\rangle=[\cos t_i \quad \sin t_i]^{\mathrm{T}}$$

$$\theta=\arg\left(\sum_{i=1}^{n}\boldsymbol{R}(\theta_i)|x_i\rangle\right)=\arg\left(\sum_{i=1}^{n}\sin(t_i+\theta_i)/\sum_{i=1}^{n}\cos(t_i+\theta_i)\right)$$

聚合结果经受控非门 $\boldsymbol{U}(\gamma)$ 作用后完成翻转运算，其结果为

$$\boldsymbol{U}(\gamma)\sum_{i=1}^{n}\boldsymbol{R}(\theta_i)|x_i\rangle=\left[\cos\left(\frac{\pi}{2}f(\gamma)-\theta\right) \quad \sin\left(\frac{\pi}{2}f(\gamma)-\theta\right)\right]^{\mathrm{T}} \tag{5.11}$$

量子神经元的输出为量子位处于状态 $|1\rangle$ 的概率幅，即式(5.11)中的 $\sin\left(\frac{\pi}{2}f(\gamma)-\theta\right)$。因此，量子神经元的输入与输出关系为

$$y=\sin\left(\frac{\pi}{2}f(\gamma)-\theta\right)=\sin\left(\frac{\pi}{2}f(\gamma)-\arg\left(\sum_{i=1}^{n}\boldsymbol{R}(\theta_i)|x_i\rangle\right)\right) \tag{5.12}$$

5.3.3 QBP 网络模型

QBP 网络由若干个量子神经元和传统神经元按一定的拓扑结构组合而成。图 5.2 是三层前馈 QBP 模型[161]，其中输入层和隐含层分别有 n、p 个量子神经元，输出层有 m 个普通神经元。

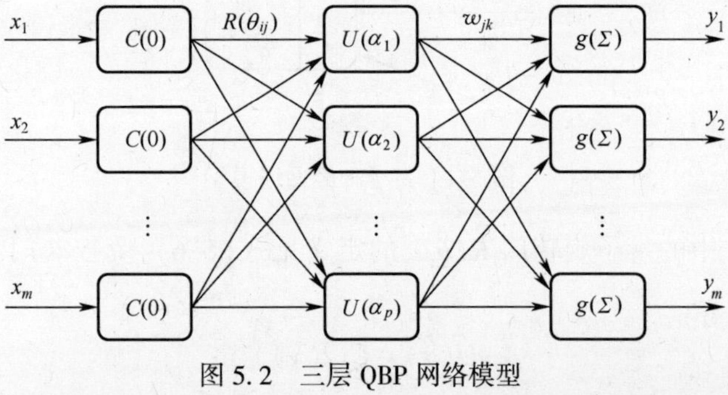

图 5.2　三层 QBP 网络模型

设$|x_i\rangle$为网络输入,h_j为隐层输出,y_k为网络输出,$\boldsymbol{R}(\theta_{ij})$为更新隐层量子位的量子旋转门,$w_{jk}$为隐层与输出层之间的连接权值,$\boldsymbol{C}(0)$和$\boldsymbol{U}(\alpha_j)$可分别视为输入层和隐层的传递函数。各层输入输出关系为

$$h_j = \sin\left(\frac{\pi}{2}f(\alpha_j) - \arg\left(\sum_{i=1}^{n}\boldsymbol{R}(\theta_{ij})|x_i\rangle\right)\right) \tag{5.13}$$

$$y_k = g\left(\sum_{j=1}^{p} w_{jk}h_j\right) = g\left(\sum_{j=1}^{p} w_{jk}\sin\left(\frac{\pi}{2}f(\alpha_j) - \arg\left(\sum_{i=1}^{n}\boldsymbol{R}(\theta_{ij})|x_i\rangle\right)\right)\right) \tag{5.14}$$

式中:$i=1,2,\cdots,n;j=1,2,\cdots,p;k=1,2,\cdots,m$。

5.3.4 QBP 网络学习算法

为了用量子神经网络解决实际问题,需要将训练样本的实值描述转换为量子态描述。对于n维实值向量的训练样本$\bar{x}=(\bar{x}_1,\bar{x}_2,\cdots,\bar{x}_n)^{\mathrm{T}}$,定义转换公式为

$$|X\rangle = [|x_1\rangle,|x_2\rangle,\cdots,|x_n\rangle]^{\mathrm{T}}$$

式中

$$\begin{aligned}|x_i\rangle &= \cos\left(\frac{2\pi}{1+\exp(-\bar{x}_i)}\right)|0\rangle + \sin\left(\frac{2\pi}{1+\exp(-\bar{x}_i)}\right)|1\rangle \\ &= \left[\cos\left(\frac{2\pi}{1+\exp(-\bar{x}_i)}\right) \quad \sin\left(\frac{2\pi}{1+\exp(-\bar{x}_i)}\right)|1\rangle\right]^{\mathrm{T}}\end{aligned}$$

图5.2所示的QBP模型中,有旋转参数θ_{ij}、翻转参数α_j、连接权值w_{jk}三组参数需要调整。定义误差函数为

$$E = \frac{1}{2}\sum_{k=1}^{m} e_k^2 = \frac{1}{2}\sum_{k=1}^{m}(\tilde{y}_k - y_k)^2 \tag{5.15}$$

式中:$\tilde{y}_k$、y_k分别为归一化后的期望输出和实际输出。

记$|x_i\rangle = \begin{bmatrix}\cos\phi_i \\ \sin\phi_i\end{bmatrix}$,$\beta_j = \arctan\left(\dfrac{\sum_{i=1}^{n}\sin(\phi_i+\theta_{ij})}{\sum_{i=1}^{n}\cos(\phi_i+\theta_{ij})}\right)$,将式(5.14)重新写为

$$y_k = g\left(\sum_{j=1}^{p} w_{jk}\sin\left(\frac{\pi}{2}f(\alpha_j) - \beta_j\right)\right) \tag{5.16}$$

令

$$S_j = \frac{\sum_{i=1}^{n} \sin(\phi_i + \theta_{ij})}{\sum_{i=1}^{n} \cos(\phi_i + \theta_{ij})}$$

$$S_{j1} = \sum_{i=1}^{n} \cos(\phi_i + \theta_{ij})$$

$$T_j = \frac{\cos(\phi_i + \theta_{ij}) S_{j1} + \sin^2(\phi_i + \theta_{ij})}{S_{j1}^2}$$

根据梯度下降法可得

$$\Delta\theta_{ij} = -\frac{\partial E}{\partial \theta_{ij}} = -\sum_{k=1}^{m} (\widetilde{y}_k - y_k) g' w_{jk} \cos\left(\frac{\pi}{2} f(\alpha_j) - \beta_j\right) \frac{T_j}{1 + S_j^2} \tag{5.17}$$

$$\Delta\alpha_j = -\frac{\partial E}{\partial \alpha_j} = \frac{\pi}{2} \sum_{k=1}^{m} (\widetilde{y}_k - y_k) g' w_{jk} \cos\left(\frac{\pi}{2} f(\alpha_j) - \beta_j\right) f' \tag{5.18}$$

L-M 算法是梯度下降法和牛顿法的结合,基于 L-M 算法的 BP 神经网络算法在每一次迭代时不再沿着单一的负梯度方向,而是允许误差沿着恶化方向进行搜索,同时通过在最速梯度下降法和高斯-牛顿法之间自适应调整来优化网络权值,大大提高了网络的收敛速度和泛化能力,具有迭代次数少、精确度高等优点[158, 165],所以本章采用 L-M 算法对连接权值进行自适应优化调整,调整公式为

$$\Delta w = (\boldsymbol{J}^{\mathrm{T}} \boldsymbol{J} + \mu \boldsymbol{I})^{-1} \boldsymbol{J}^{\mathrm{T}} \boldsymbol{e} \tag{5.19}$$

式中:$\boldsymbol{e}$ 为误差向量;$\boldsymbol{J}$ 为误差对权值微分的雅可比矩阵;μ 为标量,当 μ 增加时,它接近于具有较小学习速率的最速下降法,当 μ 下降到 0 时,该算法就变为高斯-牛顿法。

因此,L-M 算法是在最速下降法和高斯-牛顿法之间的平滑调和。L-M 算法的计算步骤如下:

(1) 将所有训练样本(样本数 p)输入至神经网络得到输出,并计算出误差平方和。

(2) 计算误差对连接权值微分的雅可比矩阵 $\boldsymbol{J}$。首先定义 Marquardt 敏感度:

$$S_i^m = \frac{\partial E}{\partial n_i^m} \tag{5.20}$$

Marquardt 敏感度为误差函数 E 对 m 层输入的第 i 个元素变化的敏感性,

其中 n 为每层网络的加权和。

敏感度的递推公式为

$$S_q^m = E(n_q^m)(w^{m+1})^{\mathrm{T}} S_q^{m+1} \tag{5.21}$$

可见,敏感度可由最后一层通过网络被反向传播到第一层,即

$$S^m \to S^{m-1} \to \cdots \to S^2 \to S^1 \tag{5.22}$$

计算雅可比矩阵的元素:

$$[J]_{hl} = \frac{\partial e_{kq}}{\partial w_{jk}^m} = \frac{\partial e_{kq}}{\partial n_{jq}^m} \frac{\partial n_{jq}^m}{\partial w_{jk}^m} = S_{jk}^m \frac{\partial n_{jq}^m}{\partial w_{jk}^m} = S_{jk}^m a_{jq}^{m-1} \tag{5.23}$$

(3) 通过式(5.19)计算 Δw 。

(4) 用 $w + \Delta w$ 重复计算误差的平方和,如果新的误差平方和小于步骤(1)中的平方和,则用 μ 除以 θ ($\theta > 1$),再一次计算 $w = w + \Delta w$,转到步骤(1);否则,用 μ 乘以 θ ,转到步骤(3)。当误差平方和减小到某一目标误差时,算法即被认为收敛。

至此,可以得到 QBP 模型中参数 θ_{ij} 、α_j 、w_{jk} 的调整规则如下:

$$\theta_{ij}(t+1) = \theta_{ij}(t) + \eta\Delta\theta_{ij}(t) \tag{5.24}$$

$$\alpha_j(t+1) = \alpha_j(t) + \eta\alpha_j(t) \tag{5.25}$$

$$w_{jk}(t+1) = w_{jk}(t) + \eta w_{jk}(t) \tag{5.26}$$

式中: η 为学习率。

5.3.5 ICA-QBP 损伤判别流程

FastICA 算法是 ICA 算法中的典型代表,是一种能在峭度和负熵两个非高斯性度量间取得很好折中的负熵近似估计算法,具有优良的稳定性和快速收敛性,因此本章采用 FastICA 从振动响应中提取独立分量和混合矩阵,然后计算各独立分量的前四阶统计量和变形混合矩阵,将其作为特征量输入至 QBP 网络分类器进行损伤识别。

图 5.3 是基于 ICA-QBP 算法的损伤判断过程流程图,其中 IC 为独立分量(Independent Components)。

5.3.6 ICA-QBP 试验研究

为了验证 ICA-QBP 算法在结构损伤识别中的有效性,在冲击载荷进行了钢框架结构振动分析。钢框架模型如图 5.4 所示,结构由 3 根主梁、8 根次

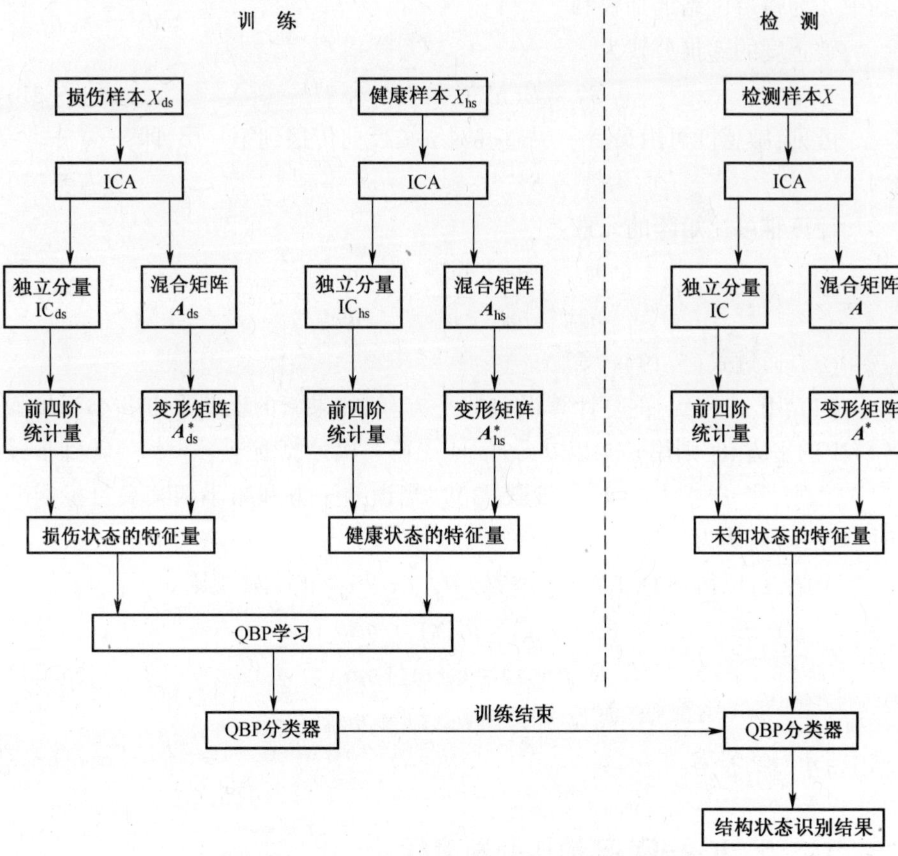

图 5.3 基于ICA-QBP算法的损伤识别过程

梁、6根立柱组成，6根立柱嵌固在地面，次梁为T字形钢，主梁和立柱为工字形钢，梁与柱、主梁与次梁均由螺栓连接。模型整体尺寸为1500mm×1150mm×564mm，如图5.4所示。

(a)

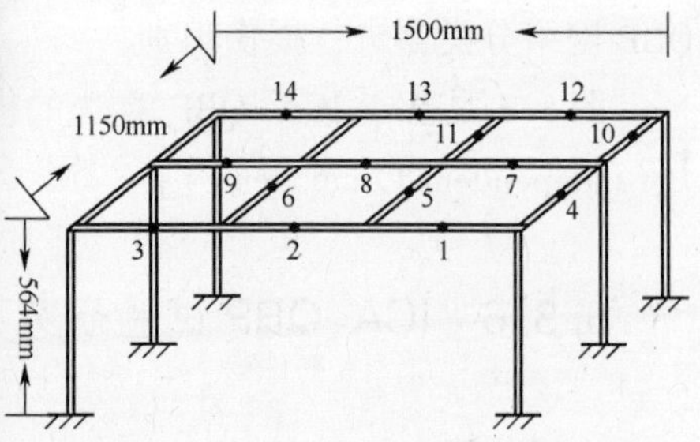

(b)

图 5.4 钢框架结构示意图

结构状态共计 7 种，分别为健康状态 HS(图 5.5(a))，损伤 DS1、DS3、DS5 对应图 5.4 中的第 2、8、13 点下翼缘的部分断裂(代表轻度损伤，如图 5.5(b)所示)，损伤 DS2、DS4、DS6 对应第 2、8、13 点下翼缘的完全断裂(代表重度损伤，如图 5.5(c)所示)。

试验中的冲击载荷由试验力锤锤击产生，力锤锤击位置位于传感器 2 附近，使用 14 个压电式单轴加速度传感器采集冲击响应信号，14 个加速度传感器的位置如图 5.5 所示，每个传感器采集的每组信号点数为 1024，采样频率

(a) 健康状态

(b) 部分断裂

(c) 完全断裂

图 5.5 钢结构的三种状态

为 1kHz。针对每一种结构状态，分别采集 50 组振动响应，得到 700 个时间历程信号，这样对应每一种状态的响应信号矩阵为 700×1024。

每一种结构状态的前 560 个时间历程信号（前 40 组响应信号）作为训练数据形成 560×1024 训练矩阵，后 140 个时间历程信号（后 10 组响应信号）作为检测数据形成 140×1024 检测矩阵。显然，矩阵 560×1024 数据量较大，因此首先使用 FastICA 方法对健康状态信号进行数据降维和特征提取，保留前 3 个最重要的主分量（前 3 个主分量占原始信息的 99.2%），得到 40 组混合矩阵[$\boldsymbol{A}_{\mathrm{hs}}$]（矩阵14×3）和 3 个独立分量 $\mathrm{IC}_{\mathrm{hs}}$（矩阵 3×1024）。为了能够使[$\boldsymbol{A}_{\mathrm{hs}}$]输入至 QBP 网络分类器，对[$\boldsymbol{A}_{\mathrm{hs}}$]进行矩阵变形，变为矩阵[$\boldsymbol{A}_{\mathrm{hs}}$]*（矩阵 42×1）。同时，计算 3 个独立分量 $\mathrm{IC}_{\mathrm{hs}}$ 的前四阶统计量：均值、方差、斜度、峭度。从而得到健康状态的特征量，6 种损伤状态的特征提取依照健康状态的特征提取过程进行。最后将健康状态的特征量和 6 种损伤状态的特征量一起输入至 QBP 分类器进行训练，训练好的 QBP 分类器用来检测结构状态。

试验中 QBP 网络的输入层和隐含层分别采用 42 个、7 个量子神经元，输出层采用 1 个常规神经元。7 种结构状态下，QBP 网络对应的理想输出值如表 5.1 所列，QBP 网络的实际输出值（实际损伤识别结果）如图 5.6 所示。

为了检验 ICA-QBP 算法在小样本下的识别性能，继续采用 ICA-QBP 算法分别在 30 组训练样本、20 组训练样本、10 组训练样本下进行了损伤识别，试验结果分别如图 5.7、图 5.8、图 5.9 所示。可以看到，随着训练样本数目的减少，识别结果越来越差。

表 5.1　七种结构状态下 QBP 网络的理想输出值

结构状态	HS	DS1	DS2	DS3	DS4	DS5	DS6
对应样本	1~10	11~20	21~30	31~40	41~50	51~60	61~70
QBP 理想输出	0	1	2	3	4	5	6

由于 ICA-QBP 算法在初始参数、网络训练等方面具有较强的随机性，图 5.6~图 5.9 只能代表 ICA-QBP 某一次的损伤识别结果，所以为了更客观地描述 ICA-QBP 算法的识别性能，针对每一种结构状态进行了 50 次重复性试验，50 次试验的统计结果如表 5.2 所列。从表 5.2 可以看到，在 40 组训练样本下，QBP 的损伤识别率接近 100%，考虑神经网络自身具有的随机性，所以可以认为 40 组训练样本下的 QBP 能够成功识别各种结构状态。

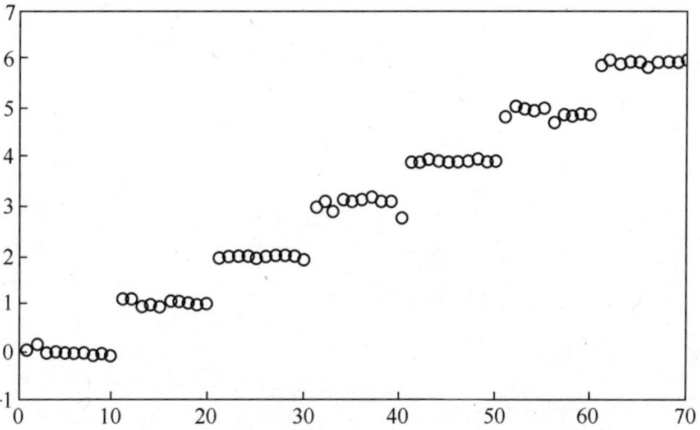

图 5.6　40 组训练样本下 ICA-QBP 损伤识别结果

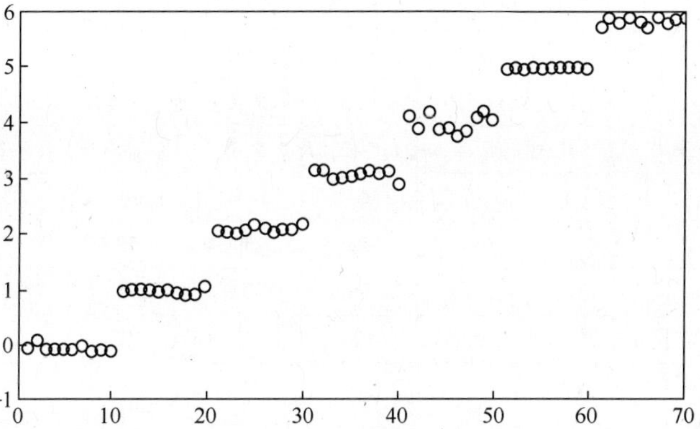

图 5.7　30 组训练样本下 ICA-QBP 损伤识别结果

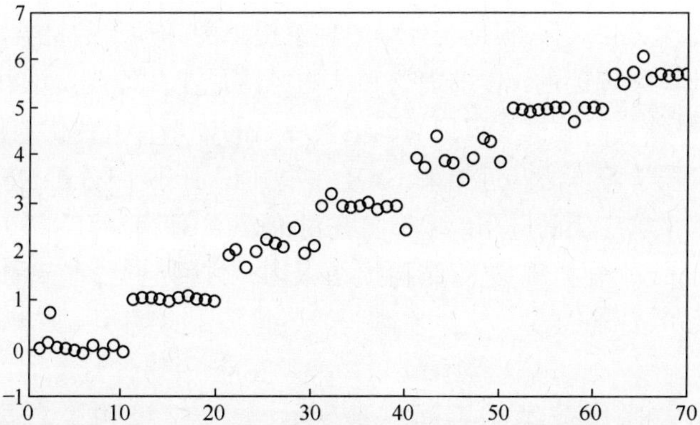

图 5.8　20 组训练样本下 ICA-QBP 损伤识别结果

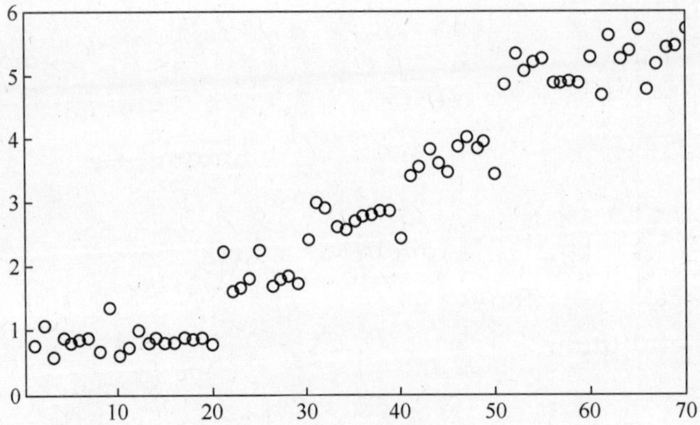

图 5.9 10 组训练样本下 ICA-QBP 损伤识别结果

表 5.2 50 次独立试验的 QBP 识别统计结果

结构状态		HS	DS1	DS2	DS3	DS4	DS5	DS6
对应样本		1~10	11~20	21~30	31~40	41~50	51~60	61~70
成功识别范围		-0.5~0.5	0.5~1.5	1.5~2.5	2.5~3.5	3.5~4.5	4.5~5.5	5.5~6.5
成功识别率/%	10 组样本	32	40	27	45	31	23	38
	20 组样本	43	65	50	69	59	48	62
	30 组样本	78	87	95	92	75	88	92
	40 组样本	95	99	100	99	100	100	97

5.4 基于 ICA-SVM 的结构损伤识别

SVM 是 Vapnik 等人根据统计学习理论提出的一种新的机器学习方法,它建立在统计学习理论的 VC 维理论和结构风险最小化原则上的,SVM 在解决小样本、非线性及高维模式识别问题中表现出的许多特有的优势,使它成为一种优秀的机器学习算法。近年来,SVM 在模式识别、回归分析、特征提取等方面得到了越来越广泛的应用。本节首先讨论 SVM 理论,然后将 ICA 提取的特征量输入至 SVM 分类器,进行结构损伤识别。方便起见,本节用到的损伤识别方法记为 ICA-SVM。

5.4.1 最优分类超平面

本节在线性可分的情况下引入最优分类超平面的概念[168]。图 5.10 所示的是二维两类线性可分情况,图中实心点和空心点分别代表两类训练样本,H 为把两类没有错误地分开的分类线,H_1、H_2 分别为过各类样本中离分类线最近的点且平行于分类线的直线,H_1 与 H_2 之间的距离称为两类的分类空隙或分类间隔(margin)。

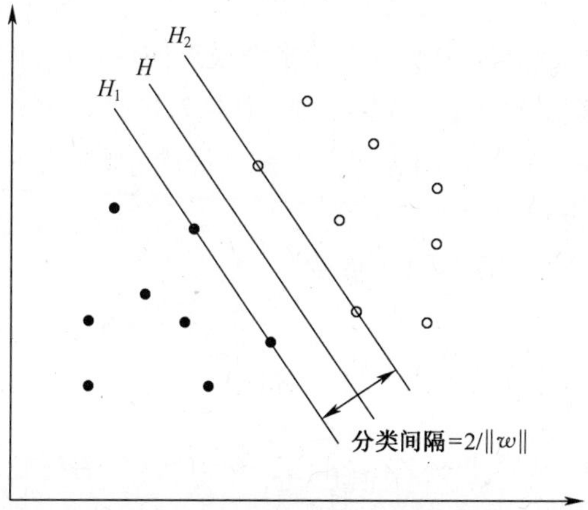

图 5.10 最优分类超平面示意图

最优分类线就是要求分类线不但能将两类无错误的分开,而且要使两类的分离间隔最大。前者保证经验风险最小(为零),而分类间隔最大实际上就是使推广性的界中的置信范围最小,从而使真实风险最小。推广到高维,最优分类线就成为最优分类超平面。

设线性可分样本为 $(x_i, y_i)(i=1,2,\cdots,n)$,$x \in R^d$,$y \in \{1,-1\}$ 是类别号。d 维空间中线性判别函数的一般形式为 $g(x) = w \cdot x + b$,分类超平面方程为

$$\boldsymbol{w}x + b = 0$$

式中:$\boldsymbol{w}$ 为分类超平面的法线,是可调的权值向量;b 为偏置,决定相对原点的位置。

将判别函数归一化,使两类所有样本都满足 $|g(x)| \geqslant 1$,即使离分类超平面最近的样本的 $|g(x)| = 1$,则对于所有样本有下式成立:

$$\begin{cases}(w \cdot x_i) + b \geqslant 1 & (y_i = 1)\\(w \cdot x_i) + b \leqslant -1 & (y_i = -1)\end{cases} \tag{5.27}$$

从图 5.10 可以看出,超平面 $wx_i + b = 1$ 距离原点的垂直距离为 $|1-b|/\|w\|$,而超平面 $wx_i + b = -1$ 距离原点的垂直距离为 $|-1-b|/\|w\|$,这样分类间隔就等于 $|1-b+1+b|/\|w\| = 2/\|w\|$,

因此使间隔最大等价于使 $\|w\|$ 最小。若要求分类线对所有样本正确分类，则要求它满足

$$y_i[(w \cdot x_i) + b] - 1 \geqslant 0 \quad (i = 1,2,\cdots,n) \tag{5.28}$$

式中：y_i 为对应 x_i 的期望响应。

由式(5.28)可知，满足上述条件且使 $\|w\|$ 最小的分类超平面就是最优分类超平面。过两类样本中离分类超平面最近的点且平行于最优分类面的超平面 H_1、H_2上的训练样本就是式(5.28)中使等号成立的那些样本，它们称为支持向量(Support Vector)，因为它们支撑了最优分类超平面。

5.4.2 线性可分 SVM 算法

线性可分 SVM 可归结为如下的拉格朗日二元优化问题[169]：

$$\max_{\alpha} W(\alpha) = \max_{\alpha} -\frac{1}{2}\sum_{i=1}^{n}\sum_{j=1}^{n}\alpha_i\alpha_j y_i y_j \langle x_i, x_j\rangle + \sum_{k=1}^{n}\alpha_k \tag{5.29}$$

式中：α 为拉格朗日系数。

上述优化问题的解为

$$\alpha^* = \arg\min_{\alpha}\frac{1}{2}\sum_{i-1}^{n}\sum_{j=1}^{n}\alpha_i\alpha_j y_i y_j \langle x_i, x_j\rangle - \sum_{k=1}^{n}\alpha_k \tag{5.30}$$

约束条件为

$$\begin{cases}\alpha_i \geqslant 0 \quad (i = 1,2,\cdots,n)\\ \sum_{j=1}^{n}\alpha_j y_j = 0\end{cases} \tag{5.31}$$

在式(5.31)约束下，求解式(5.30)确定拉格朗日系数，从而最优分离超平面由下式给出：

$$\begin{cases}w^* = \sum \alpha y x\\ b^* = -\frac{1}{2}\langle w^*, x_r + x_s\rangle\end{cases} \tag{5.32}$$

式中：x_r、x_s 为每个类中满足条件 $\alpha_r, \alpha_s > 0$，且 $y_r = -1$，$y_s = 1$ 的任何支持向量。

从而，一个刚性分类器可表示为

$$f(x) = \mathrm{sgn}x(\langle w^*, x\rangle + b) \tag{5.33}$$

通过对空白区域进行线性插补，可得到一个替代的柔性分类器：

$$f(x) = h(\langle w^*, x\rangle + b), h(z) = \begin{cases} -1(z < -1) \\ z(-1 \leqslant z \leqslant 1) \\ 1(z > 1) \end{cases} \tag{5.34}$$

柔性分类器可能比刚性分类器更好,因为在空白处(无训练样本数据)分类器输出-1~1之间的一个实数值。由 Kuhn-Tucker 条件可得

$$\alpha_i(y_i[\langle w, x_i\rangle + b] - 1) = 0 \quad (i = 1,2,\cdots,n) \tag{5.35}$$

由上可见,只有满足条件 $y_i[\langle w, x_i\rangle + b] = 1$ 的点 x_i 将具有非零的拉格朗日系数,这些点即为支持向量(SV)。

如果模式数据线性可分,则所有 SV 位于空白区域,SV 数量将很少。分离超平面仅由训练集的一个小的子集确定,其他点可从训练集中去除,重新计算超平面将产生同样分类结果。因此,通过所产生的 SV,SVM 可用于归纳包含在数据集中的信息。

5.4.3 线性不可分 SVM 算法

有两种方法可将上述线性可分 SVM 加以推广,解决如图 5.11 的线性不可分问题,它们都依赖于具体问题的先验知识和对数据中噪声的估计。第一可引入与错误分类相联系的代价函数,第二可像前述那样用更复杂的函数来表达分离界面。

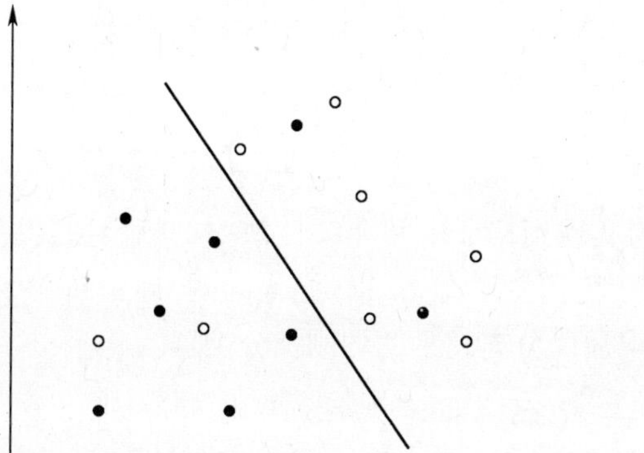

图 5.11 线性不可分示意图

非线性可分 SVM 的拉格朗日二元优化计算式与式(5.29)相同,其优化问题的解与式(5.30)相同。可见,线性不可分 SVM 与线性可分 SVM 情况基

本相同,唯一不同的是拉格朗日系数的界发生了变化,其约束条件变为

$$\begin{cases}0 \leqslant \alpha_i \leqslant C \quad (i = 1,2,\cdots,n) \\ \sum_{j=1}^{n} \alpha_j y_j = 0\end{cases} \tag{5.36}$$

其中的参数 C 有待确定,它的选取有赖于数据中噪声的相关先验知识。实际上,C 起着控制对错分样本惩罚程度的作用,实现在错分样本比例与算法复杂度之间的折中。C 值越大,表示主要把重点放在减少分类错误上;C 值越小,表示主要把重点放在分离超平面上。

5.4.4 内积核函数

SVM 的成功源于两项关键技术:一是利用结构风险最小化原理设计具有最大间隔的最优分类面;二是利用核函数实现输入空间的非线性学习算法[170]。下面介绍 SVM 中用到的内积核函数(说明:x 表示待分类样本,x_i 和 x_j 表示两个不同的训练样本)。

在不适合采用线性分界时,SVM 可将输入向量映射至一个高维特征空间,然后通过先验知识选择一个非线性映射,在该高维空间中构建一个最优的分离超平面。

在可用的非线性映射函数选择方面有一些限制,但可以证明,大部分常用函数都是合适的,包括多项式函数、径向基函数及 S 型函数等。由此,式(5.29)的优化问题变为

$$\max_{\alpha} W(\alpha) = \max_{\alpha} \sum_{i=1}^{n} \alpha_i - \frac{1}{2} \sum_{i=1}^{n} \sum_{j=1}^{n} \alpha_i \alpha_j y_i y_j K(x_i, x_j) \tag{5.37}$$

式中:$K(x_i, x_j)$ 为实现到特征空间非线性映射的核函数,约束条件式(5.30)没有变化。在此约束下求解式(5.37)优化问题,确定拉格朗日系数,从而给出特征空间中实现最优分离超平面的刚性分类器:

$$f(x) = \operatorname{sgn}\left(\sum_{i \in \mathrm{SV}} \alpha_i y_i K(x_i, x) + b\right) \tag{5.38}$$

$$\begin{aligned}\langle w^*, x\rangle &= \sum_{i=1}^{n} \alpha_i y_i K(x_i, x) \\ b^* &= -\frac{1}{2} \sum \alpha_i y_i [K(x_i, x_r) + K(x_i, x_s)]\end{aligned} \tag{5.39}$$

这里用了两个 SV 计算偏量 b^* 是出于稳定性考虑,也可用所有 SV 计算。

如果核函数包括偏量项,则它可以被并入核函数中,从而分类器简化为

$$f(x) = \mathrm{sgn}\Big(\sum_{i\in \mathrm{SV}} \alpha_i y_i K(x_i, x)\Big) \tag{5.40}$$

常用的满足 Mercer 条件的核函数有多项式函数、径向基函数、S 型函数等,选用不同的核函数可构造不同的 SVM[170]。

(1) 多项式函数。选用下列 q 次多项式函数:

$$K(\boldsymbol{x}, \boldsymbol{x}_i) = [\langle \boldsymbol{x} \cdot \boldsymbol{x}_i \rangle + 1]^q \tag{5.41}$$

构造的 SVM 的判别函数:

$$f(\boldsymbol{x}, a) = \mathrm{sgn}\Big\{\sum_{i=1}^{n} \alpha_i y_i [\langle \boldsymbol{x} \cdot \boldsymbol{x}_i \rangle + 1]^q - b\Big\} \tag{5.42}$$

式中:n 为支持向量的个数。

对于给定的数据集,系统的 VC 维数取决于包含数据样本向量的最小超球半径 R 和特征空间中权重向量的模,这两者都取决于多项式的次数 n 。因此,通过 n 的选择可以控制系统的 VC 维数。

(2) 径向基函数。选用下列核函数:

$$K(\boldsymbol{x}, \boldsymbol{x}_i) = \exp\left(-\frac{|\boldsymbol{x} - \boldsymbol{x}_i|^2}{\sigma^2}\right) \tag{5.43}$$

构造的 SVM 的判别函数:

$$f(\boldsymbol{x}) = \mathrm{sgn}\left\{\sum_{i=1}^{n} \alpha_i y_i \exp\left(-\frac{|\boldsymbol{x} - \boldsymbol{x}_i|^2}{\sigma^2}\right) - b\right\} \tag{5.44}$$

式中:n 个支持向量 $\boldsymbol{x}_i$ 确定径向基函数的中心位置,n 为中心的数目。

在通常的径向基函数方法中,这两个参数是根据某些启发式方法主观选择的,网络训练只能确定参数 α_i ,而采用 SVM 方法时,这几个参数在训练过程中自动确定。值得一提的是,式(5.43)是普遍使用的核函数,因为它对应的特征空间是无穷维的,有限的数据样本在该特征空间中肯定线性可分。

(3) S 型函数。选用下列核函数:

$$K(\boldsymbol{x}, \boldsymbol{x}_i) = \tanh[v\langle \boldsymbol{x} \cdot \boldsymbol{x}_i \rangle + a] \tag{5.45}$$

式中:S 型函数采用双曲正切函数 tanh(·) 。式(5.45)仅当 v 和 a 的取值适当时才满足 Mercer 条件,可能的情况是 $v = 2$, $a = 1$。此时构造的支持向量机的判别函数为

$$f(\boldsymbol{x}) = \mathrm{sgn}\Big\{\sum_{i=1}^{n} \alpha_i y_i \tanh[v\langle \boldsymbol{x} \cdot \boldsymbol{x}_i \rangle + a] - b\Big\} \tag{5.46}$$

式(5.46)是常用的 3 层神经网络的判别函数,其隐节点对应支持向量。

应用 SVM 方法,隐节点数目、隐节点对输入节点的权重向量 $\boldsymbol{v}\ x_i$ 和输出节点对隐节点的权重 α_i 都是在训练过程中自动确定的,而且算法不存在困扰神经网络的局部极小点问题。

5.4.5 ICA-SVM 损伤识别流程

对于样本 $\{\boldsymbol{x}_i, d_i\}_{i=1}^{n}$,其中 $\boldsymbol{x}_i$ 为第 i 个例子的输入向量, d_i 为相应的期望响应(如类标志号 1 或-1),SVM 学习算法可归结如下[168, 171]:

(1) 计算内核积函数 $K = \{k(x_i, x_j)\}_{(i,j)=1}^{n}$;

(2) 在约束条件 $\sum_{i=1}^{n} \alpha_i d_i = 0$ 和 $0 \leqslant \alpha_i \leqslant C$ (式中 C 为某个指定的常数,它实际上起控制对错分样本惩罚程度的作用)下寻求拉格朗日常数 $\{\alpha_i\}_{i=1}^{n}$,以最大化目标函数

$$Q(\alpha) = \sum_{i=1}^{N} \alpha_i - \frac{1}{2} \sum_{i=1}^{N} \sum_{i=1}^{N} \alpha_i \alpha_j d_i d_j k(x_i, x_j)$$

(3) 寻找非零的 α_i 对应的 $\{x_i\}_{i=1}^{n}$,即支持向量,满足 $\alpha_i[d_i(w \cdot x_i + b) - 1] = 0 (i = 1, 2, \cdots, n)$, 其中 w 为可调的权值向量, b 为偏移量;

(4) 计算偏移量 $b = \mathrm{mean}(\sum_{i \in SV} (d_i - y_i))$,其中 y_i 为第 i 个 SVM 实际输出;

(5) 寻找最优超平面 $\sum_{i=1}^{n} \alpha_i d_i k(x, x_i) = 0$,其中 x 为待分类样本的输入向量。

以上即是二值 SVM 分类器的计算流程,本节设计的多类 SVM 分类器就是在此基础之上,将多个二值 SVM 分类器组合而成的,多类 SVM 分类器如图 5.12所示。

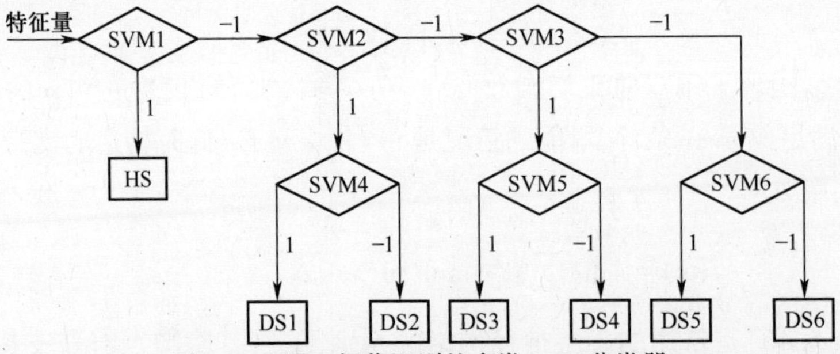

图 5.12 用于损伤识别的多类 SVM 分类器

ICA-SVM 算法流程与 ICA-QBP 算法流程(图 5.3)类似,不同点是将 QBP 分类器变为 SVM 分类器。试验中 SVM 分类器的 VC 维上界参数 $C=300$,核函数采用径向基函数。

5.4.6 ICA-SVM 试验研究

本节试验所用的结构模型与 5.3 节的试验模型(图 5.4)相同,采集的试验数据也相同。然后按照 5.3.5 节介绍的 ICA-SVM 算法流程进行结构损伤识别。图 5.13 给出了 40 组训练样本下 6 个 SVM 分类器对 7 种结构状态的识别结果。其中,每一种结构状态的检测样本为 10 组,7 种结构状态共计 70 组。本试验中采用的多类 SVM 分类器由 6 个二值(此处采用-1 和 1 表示)SVM 分类器组合而成。

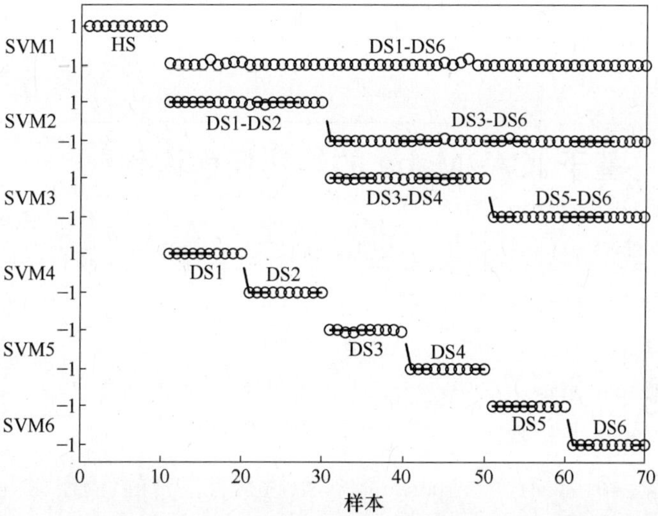

图 5.13 SVM 分类器 1-6 损伤识别结果(目标值:点线。实际值:圆圈)

通过改变训练样本数目,可以看到,在小样本下 SVM 分类器依然具有较强的损伤识别能力,表 5.3 给出了在检测样本均为 10 组,训练样本分别为 10 组、20 组、30 组、40 组时,7 种结构状态对应的 6 个二值 SVM 分类器的识别结果。试验结果显示:训练样本为 40 组时,代表三个不同位置的损伤 DS1 与 DS2、DS3 与 DS4、DS5 与 DS6 识别率达到了 100%,代表轻度损伤 DS1、DS3、DS5 和代表重度损伤 DS2、DS4、DS6 识别率也达到了 100%。

从表 5.3 可以看到两个规律:SVM6 分类器在训练样本数目较小时,损伤识别率低，而 SVM2 和 SVM4 两个分类器识别率始终为 100%。出现上述情况的原因是：SVM2 和 SVM4 对应的结构损伤（对应图 5.4(b) 中的第 2 点下翼缘断裂）处在力锤锤击位置，力锤可以激振出丰富的损伤信息，此时对应的 SVM 识别率高，而 SVM6 对应的结构损伤（对应图 5.4(b) 中的第 13 点下翼缘）远离锤击位置，力锤激振出的损伤信息相对较少，此时需要大量训练样本才能提高 SVM 识别率。

表 5.3　不同训练样本规模下 SVM1-6 分类器的识别结果

训练样本数目	SVM1	SVM2	SVM3	SVM4	SVM5	SVM6
10	35/70	60/60	33/40	20/20	10/20	6/20
20	68/70	60/60	39/40	20/20	20/20	14/20
30	69/70	60/60	38/40	20/20	20/20	17/20
40	70/70	60/60	40/40	20/20	20/20	20/20

5.5　基于 ICA-Maha 的结构损伤识别

目前，大多数结构损伤识别法属于监督学习方法，可是在很多实际应用中由于难以获得损伤训练样本，监督学习方法受到了很大限制。因此，发展非监督学习方法进行结构损伤识别显得很有必要[152]。

与欧几里得距离不同，Mahalanobis 距离考虑了各种特性之间的联系，它是一种加权的欧几里得距离，其权函数是参考样本总体的协方差的逆矩阵，所以与欧几里得距离相比较，Mahalanobis 距离具有优良的性能，是一种有效计算两个样本集相似度的方法，在结构损伤识别中得到了广泛应用[172-174]。

本节首先讨论了 Mahalanobis 距离，然后将 ICA 提取的特征量输入至 Mahalanobis 距离判别函数，进行结构损伤识别。方便起见，本节用到的损伤识别方法记为 ICA-Maha 法。

5.5.1　Mahalanobis 距离理论

Mahalanobis 距离是一种加权的欧几里得距离，其权函数是参考样本总体的协方差的逆矩阵，表示的是数据的协方差距离。欧几里得距离的最大缺陷是未考虑模式向量中各元素重要性的不同,将所有元素同等对待,而 Mahalanobis 距离考虑了各元素的大小和特性之间的相关性,所以与欧几里得距离比较,Mahalanobis 距离是一种更有效的计算两个样本集相似度的方法,在模式识别中其性能通常比欧几里得距离好。

设参考总体 G_R 由 K 个训练样本 $\varphi_j,(j=1,2,\cdots,K)$ 组成,即 $\boldsymbol{G}_R=(\varphi_1,\varphi_2,\cdots,\varphi_K)$,则待检测模式向量 $\boldsymbol{\varphi}_T$ 与参考总体的均值向量 $\boldsymbol{\varphi}_R$ 之间的 Mahalanobis 距离的形式为

$$D_{\mathrm{Mh}}^2(\boldsymbol{\varphi}_T,\boldsymbol{\varphi}_R)=(\boldsymbol{\varphi}_T-\boldsymbol{\varphi}_R)^{\mathrm{T}}\boldsymbol{C}_R^{-1}(\boldsymbol{\varphi}_T-\boldsymbol{\varphi}_R) \tag{5.47}$$

式中:C_R^{-1} 为参考总体的协方差矩阵 C_R 的逆矩阵;根据协方差函数的定义,C_R 的估计式为

$$\boldsymbol{C}_R=\frac{1}{K}\sum_{j=1}^{K}(\varphi_j-\boldsymbol{\varphi}_R)(\varphi_j-\boldsymbol{\varphi}_R)^{\mathrm{T}}$$

由于 Mahalanobis 距离的权矩阵为参考总体的协方差矩阵的逆矩阵 $\boldsymbol{C}_R^{-1}$,这就给 Mahalanobis 距离函数带来了两个优点[175]:第一,因为 $\boldsymbol{C}_R$ 的主对角线上的元素为模式向量中各元素 φ_i 的方差,主对角线两边的元素为模式向量中元素 φ_i 与 φ_j 的互协方差,所以 Mahalanobis 距离中考虑了参考总体的二阶矩特性对距离的影响,较欧几里得距离优越;第二,当模式向量中各元素的量纲不同时,欧几里得距离还与量纲有关,而由于 $\boldsymbol{C}_R^{-1}$ 的作用,Mahalanobis 距离为无量纲量,这样更有意义。

5.5.2 ICA-Maha 损伤识别流程

首先应用 ICA 方法提取结构特征量,然后将检测样本的 Mahalanobis 距离与门限值进行比较,比较结果作为损伤诊断的依据。具体步骤如下:

(1) 对结构健康状态振动信号进行独立分量分析,得到混合矩阵 $\boldsymbol{A}$ 和独立分量,将混合矩阵变形为一维矩阵 $\boldsymbol{A}^*$,且计算出独立分量的前四阶统计量,然后共同组成损伤特征量,即 φ_j。

(2) 由健康状态的所有训练样本 φ_j 计算均值向量 $\boldsymbol{\varphi}_R$ 和协方差矩阵 $\boldsymbol{C}_R$,进而得到 Mahalanobis 距离。

(3) 根据健康状态的 Mahalanobis 距离选择一个合适的阈值。

(4) 检测样本的 Mahalanobis 距离按步骤(1)和(2)计算得到。

(5) 若检测样本的 Mahalanobis 距离小于阈值,则诊断为健康状态;若大于门限值,则诊断为损伤状态。

简单起见,本节方法记为 ICA-Maha 法。

5.5.3 ICA-Maha 试验研究

本节实验与 5.3 节的试验对象相同,如图 5.4 和图 5.5 所示,试验数据为 7 种结构状态的 40 组振动响应,即得到信号矩阵 560×1024。

显然,矩阵 560×1024 数据量较大,因此首先使用 FastICA 方法对健康状态信号进行数据降维和特征提取,保留前 2 个最重要的主分量(前 2 个主分量占原始信息的 95.3%)和混合矩阵(该矩阵 560×2),从而得到 40 个健康状态的混合矩阵 $\boldsymbol{A}$(矩阵 14×2),为了能够使混合矩阵 $\boldsymbol{A}$ 应用在 Mahalanobis 距离函数中,对混合矩阵 $\boldsymbol{A}$ 进行了矩阵变形,变为矩阵 $\boldsymbol{A}^*$(28×1)。然后计算 2 个独立分量的前四阶统计量:均值、方差、斜度、峭度。最后将 40 个健康状态 $\boldsymbol{A}^*$ 和前四阶统计量共同作为损伤特征指标输入至 Mahalanobis 距离函数,根据 40 个健康状态下对应的 Mahalanobis 距离选择合适的门限值。

7 种结构状态分别采样 20 组作为检测样本,按照健康状态下 Mahalanobis 距离的求解流程计算每一组样本对应的 Mahalanobis 距离,得到的样本 Mahalanobis 距离与阈值进行比较,若小于阈值则为健康状态,大于阈值则为损伤状态。7 种结构状态的 Mahalanobis 距离如图 5.14 所示,图 5.14 中的虚线表示阈值。

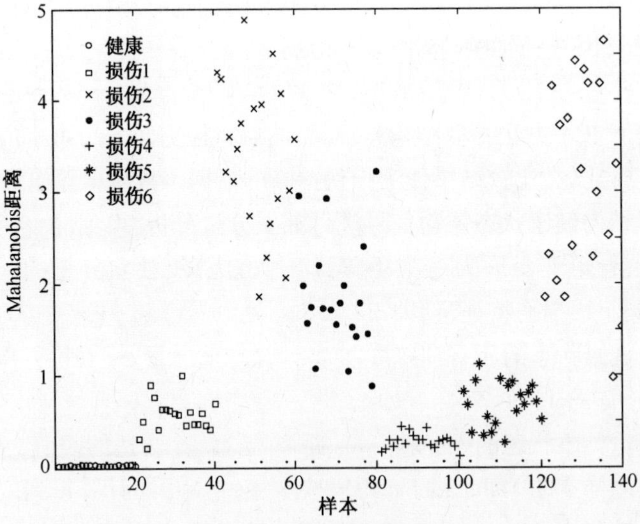

图 5.14 7 种检测状态的 Mahalanobis 距离

从图 5.14 可以看出：结构健康状态的 Mahalanobis 距离值小于阈值，在虚线的下方，而 6 种损伤状态的 Mahalanobis 距离均大于阈值，在虚线的上方。说明 ICA-Maha 法能够将健康状态与损伤状态准确分开。

5.6 本章小结

本章在分析基于 ICA 特征提取的各种方法之后，提出了一种基于 ICA 混合矩阵和独立分量统计特性的组合损伤特征指标，然后分别采用三种分类器进行了钢框架结构模型的损伤识别实验。试验结果表明：属于监督学习法的 QBP 和 SVM 两种分类器在小样本情况下能够识别结构损伤，特别是 SVM 网络分类器的稳定性更好，主要是因为 SVM 算法受随机性影响较小，QBP 算法受随机性影响较大；属于无监督学习法的 Mahalanobis 距离判别法能够正确将结构健康状态与损伤状态分开，具有较大的实际意义。

第6章 总结与展望

6.1 总结

大型工程结构是国家基础设施的重要组成部分，其安全性和耐久性直接与人民的生命和财产息息相关。近年来，越来越多的结构健康监测系统安装到桥梁、大跨空间结构等大型工程结构中，但是决定健康监测系统成败的系统识别和损伤识别技术仍未从根本上解决。因此，进一步研究适合大型工程结构实时监测所需的信噪分离、模态识别、损伤诊断技术具有重要意义。将新的信号分析技术——盲源分离技术引入到结构健康监测研究中，为发展满足大型工程结构健康监测所需的结构模态参数识别和损伤识别技术提供一种新的手段。

完成的主要工作和结论如下：

(1) 将结构振动的观测信号中的噪声看作一独立源信号，有用信号看作另一独立源信号，基于它们之间的相互独立性，因此可以利用 BSS 的方法从观测信号中把它们分离出来。采用的 FastICA 算法和 SOBI 算法能有效地对观测信号中的源分量进行提取，并具有良好的稳定性。

(2) 对于基于时间结构的 BSS 算法，提出了一种基于量子遗传算法的时延优化选择方法。基于时间结构的 BSS 算法，时延的选择对于算法的计算复杂度和最后的盲分离效果都有着较大的影响，传统的选择方法是直接采用前面几个最小的自然数，这样做并不能总是取得很好的效果。首先，采用量子编码来表征染色体，量子坍塌的随机观察结果与时延相结合形成种群；然后，对若干时延二阶相关矩阵同时近似对角化，利用分离信号的负熵构造适应度函数；最后，通过量子旋转门算子来实现染色体的演化更新，从而实现时延的优化组合。仿真试验表明：该方法具有更好的种群多样性、更快的收敛速度和全局寻优能力。

(3) 针对普通 BSS 算法不能识别复模态参数的局限性,提出了基于非对称非正交联合近似对角化的扩展型 SOBI 的模态参数识别方法。首先,探讨了多自由度系统动力响应的模态坐标与独立分量之间的关系,认为模态坐标满足独立分量分析关于源信号的相关假定,可以看作一种特殊的独立源信号;然后,基于复模态理论,应用希尔伯特变换增加虚拟测点,对原信号进行有效的扩阶来构建分析信号,白化处理分析信号后,对不同时延的二阶协方差矩阵进行非对称非正交联合近似对角化,得到的混合矩阵作为模态振型;最后,对单自由度模态响应提取模态频率和阻尼比。通过一个三自由度复模态系统的数值仿真和一个钢框架结构模型的实验对以上结论进行验证,结果表明:应用扩展的 SOBI 方法可以从多自由度系统的自振响应或随机响应中提取出各阶模态坐标,同时估计出模态振型矩阵。

(4) 利用 ICA 的统计特性提取结构特征参数,并将结构特征输入到三种状态分类器进行结构状态识别。首先,基于 ICA 的混合矩阵构造一部分特征指标,同时基于 ICA 提取的独立分量的统计特征构造另一部分特征指标;然后,联合两部分特征指标共同组成结构特征参数,将其分别输入到基于量子理论和 L-M 自适应调整策略的量子 BP 神经网络(QBP)分类器、基于统计学习理论的支持向量机(SVM)分类器、基于样本协方差矩阵的 Mahalanobis 距离非监督判别法三种状态分类器进行结构状态识别。钢框架结构模拟损伤识别实验表明:QBP 分类器和 SVM 分类器不仅能够判断结构是否发生损伤,而且能够识别损伤位置和损伤程度;不足之处是这两种分类器属于监督学习法,在损伤样本很难获取的情况下,这类方法将会受到一定限制。与此相反,Mahalanobis 距离函数判别法属于无监督学习法,具有广泛的实际工程应用前景,但 Mahalanobis 距离函数只能判别损伤是否发生,而不能识别损伤位置和损伤程度。

6.2 展望

大型工程结构的系统识别和损伤识别问题尽管已经取得了一定的研究成果,但是由于实际土木工程结构的复杂性以及环境因素的不确定性,使得大部分方法仍停留在理论分析和实验室阶段,真正能应用于工程实际的方法不多。结合 BSS 技术,在结构健康监测领域做了一些有益的研究工作,但仍有很多

问题值得进一步研究:

(1) 基于BSS的信噪分离虽然取得了较好的分离效果,但这是在假定噪声独立性条件下获得的,现实中噪声的来源和成分要复杂得多,并不一定满足统计独立性的假设条件,因此面向实际振动信号的信噪分离技术需要进一步深入研究。

(2) 基于扩展SOBI的模态参数识别方法要求传感器数目不得小于结构的模态阶数。如何在传感器数目有限(小于结构模态阶数)的情况下,应用BSS技术进行模态参数识别需要进一步研究。

(3) 基于扩展SOBI的模态参数识别方法假定系统的外部激励和噪声均为稳态的白噪声。考虑非平稳激励、有色噪声干扰等情况时的模态参数识别,无疑是今后工作中非常值得探讨的问题。

(4) 基于ICA的结构损伤识别方法虽然在实验室条件下获得了较好的识别结果,但由于实验条件与真实环境有差异,如果要在工程实践中应用,有待更深入研究。

参考文献

[1] Cichochi A, Amari S I. Adaptive Blind Signal and Image Processing[M]. West Sussex: John Wiley & Sons Ltd, 2002.

[2] Hyvärinen A, Karhunen J, Oja E. Independent Component Analysis[M]. West Sussex: John Wiley & Sons Ltd, 2001.

[3] 李舜酩.振动信号的盲源分离技术及应用[M].北京:航空工业出版社,2011.

[4] 马建仓,牛奕龙,陆海洋.盲信号处理[M].北京:国防工业出版社,2006.

[5] 史习智.盲信号处理:理论与实践[M].上海:上海交通大学出版社,2008.

[6] 孙守宇.盲信号处理基础及其应用[M].北京:国防工业出版社,2010.

[7] 杨福生,洪波.独立分量分析的原理与应用[M].北京:清华大学出版社,2006.

[8] 焦卫东.基于独立分量分析的旋转机械故障诊断方法研究[D].杭州:浙江大学,2003.

[9] 叶红仙.机械系统振动源的盲分离方法研究[D].杭州:浙江大学,2008.

[10] Ypma A, Tax J D M, Duin W R P. Robust Machine Fault Detection with Independent Component Analysis and Support Vector Data Description[C]. IEEE Neural Networks for Signal Processing IX. USA, Madison, 1999.

[11] Widodo A, Yang B S, Han T. Combination of Independent Component Analysis and Support Vector Machines for Intelligent Faults Diagnosis of Induction Motors[J]. Expert Systems with Applications. 2007, 32(2): 299-312.

[12] 王宇,迟毅林,伍星,等.基于盲信号处理的机械噪声监测与故障诊断[J].振动与冲击.2009,28(6):32-42.

[13] McNeill S I. Modal Identification Using Blind Source Separation Techniques[D]. Houston: University of Houston, 2007.

[14] Zhou W, Chelidze D. Blind Source Separation Based Vibration Mode Identification [J]. Mechanical Systems and Signal Processing. 2007, 21(8): 3072-3087.

[15] 张晓丹.基于盲源分离技术的工程结构模态参数识别方法研究[D].北京:北京交通大学,2010.

[16] 静行.基于独立分量分析的结构模态分析与损伤诊断[D].武汉:武汉理工大学,2010.

[17] 宋华珠.基于独立分量分析的结构损伤识别研究[D].武汉:武汉理工大学,2006.
[18] 杨燕.基于主分量和独立分量分析的结构信号处理和损伤识别研究[D].武汉:武汉理工大学,2008.
[19] Zang C,Friswell M I,Imregun M.Structural Damage Detection Using Independent Component Analysis[J].Structural Health Monitoring.2004,3(1):69-83.
[20] Nguyen H V,Golinval J.Damage Detection Using Blind Source Separation Techniques[C].International Modal Analysis Conference (IMAC XXIX). Florida, Jacksonville: Springer,2011.
[21] 姜绍飞,吴兆旗.结构健康监测与智能处理技术及应用[M].北京:中国建筑工业出版社,2011.
[22] 李宏男,高东伟,伊廷华.土木工程结构健康监测系统的研究状况与进展[J].力学进展.2008,38(2):151-166.
[23] 欧进萍.重大工程结构的智能监测与健康诊断[J].工程力学.2002(增刊):44-53.
[24] 闫桂荣,段忠东,欧进萍.基于结构振动信息的损伤识别研究综述[J].地震工程与工程振动.2007,27(3):95-104.
[25] 周建庭,杨建喜,梁宗保.实时监测桥梁寿命预测理论及应用[M].北京:科学出版社,2010.
[26] 宗周红,任伟新,阮毅.土木工程结构损伤诊断研究进展[J].土木工程学报,2003,36(5):105-110.
[27] Pines D,Aktan A E.Status of Structural Health Monitoring of Long-Span Bridges in the United States[J].Progress of Strueture Engineering and Materials.2002,4(4):372-380.
[28] Wang M L,Heo G,Satpathi D.A Health Monitoring System for Large Structural Systems[J].Smart Materials and Struetures,1998,7(5):606-616.
[29] 黄天立.结构系统和损伤识别的若干方法研究[D].上海:同济大学,2007.
[30] 秦权.桥梁结构的健康监测[J].中国公路学报,2000,13(2):37-42.
[31] 孙晓燕.桥梁结构健康监测技术研究进展[J].中外公路,2006,26(2):141-146.
[32] 瞿伟廉,滕军,项海帆,等.风力作用下深圳市民中心屋顶网架结构的智能健康监测[J].建筑结构学报,2006,27(1):1-8.
[33] 欧进萍.重大工程结构智能传感网络与健康监测系统的研究与应用[J].中国科学基金,2005,(1):8-13.
[34] 熊红霞.桥梁结构模态参数识别与损伤识别方法研究[D].武汉:武汉理工大学,2009.
[35] 李惠彬.大型工程结构模态参数识别技术[M].北京:北京理工大学出版社,2007.
[36] 顾培英,邓昌,吴福生.结构模态分析及其损伤诊断[M].南京:东南大学出版社,2008.
[37] 姚志远.大型工程结构模态识别的理论和方法研究[D].南京:东南大学,2004.
[38] 李德葆,陆秋海.实验模态分析及其应用[M].北京:科学出版社,2001.
[39] 王济.MATLAB 在振动信号处理中的应用[M].北京:中国水利水电出版社,2006.
[40] Huang N E,Shen Z,Long S R.A New View of Nonlinear Water Waves: The Hilbert Spec-

trum[J].Annual Review of Fluid Mechanics,1999,31(1):417-457.
[41] Yang J N,Lei Y,Pan S W,et al.System Identification of Linear Structures Based On Hilbert-Huang Spectral Analysis. Part 1: Normal Modes[J].Earthquake Engineering and Structural Dynamics,2003,32(10):1443-1467.
[42] Yang J N,Lei Y,Pan S W,et al.System Identification of Linear Structures Based On Hilbert-Huang Spectral Analysis. Part 2: Complex Modes[J].Earthquake Engineering and Structural Dynamics,2003,32(10):1533-1554.
[43] Salawu O S.Detection of Structural Damage through Changes in Frequency: A Review[J].Engineering Structures,1997,19(9):718-723.
[44] Cornwell P,Farrar C R,Doebling S W,et al.Environmental Variability of Modal Properties [J].Experimental Techniques,1999,23(6):45-48.
[45] Farrar C R,Jauregui D V.Damage Detection Algorithms Applied to Experimental and Numerical Modal Data Trom the I-40 Bridge[R].Los Alamos:Los Alamos National Laboratory,1996.
[46] 丁幼亮.大跨斜拉桥结构损伤预警理论、方法与应用[D].南京:东南大学,2006.
[47] 李辉,丁桦.结构动力模型修正方法研究进展[J].力学进展,2005,35(2):170-180.
[48] 姜绍飞.基于神经网络的结构优化与损伤检测[M].北京:科学出版社,2002.
[49] Samanta B,Nataraj C.Use of Particle Swarm Optimization for Machinery Fault Detection [J].Engineering Applications of Artificial Intelligence,2009,22(2):308-316.
[50] Cheng-Chien K.Artificial Recognition System for Defective Types of Transformers by Acoustic Emission[J].Expert Systems with Applications,2009,36(7):10304-10311.
[51] Yu S N,Chou K T.Independent Analysis and Neural Networks for Ecg Beat[J].Expert Systems with Applications,2008,34(4):2841-2846.
[52] Wu J D,Chiang P H,Chang Y W,et al.An Expert System for Fault Diagnosis in Internal Combustion Engines Using Probability Neural Network[J].Expert Systems with Applications,2008,34:2704-2713.
[53] 樊可清,倪一清,高赞明.大跨度桥梁模态频率识别中的温度影响研究[J].中国公路学报,2006,19(2):67-73.
[54] 闫维明,何浩祥,马华,等.基于粗糙集和支持向量机的空间结构健康监测[J].沈阳建筑大学学报(自然科学版),2006,22(1):86-90.
[55] Hao H,Xia Y.Vibration-Based Damage Detection of Structures by Genetic Algorithm[J].Journal of computing in civil engineering,2002.16(3):222-229.
[56] Furuta H,He J H,Watanabe E.A Fuzzy Expert System for Damage Assessment Using Genetic Algorithms and Neural Networks[J].Computer-Aided Civil and Infrastructure Engineering,1996,11(1):37-45.
[57] Lei Y G,He Z J,Zi Y Y.Fault Diagnosis of Rotating Machinery Based On Multiple Anfis Combination with Gas[J].IEEE Trans. on Mechanical Systems and Signal Processing,

2007,21(5):2280-2294.

[58] 万祖勇,朱宏平,余岭.基于改进 PSO 算法的结构损伤检测[J].工程力学,2006,23(增刊):73-78.

[59] Tong L,Soon V C,Huang Y F,et al.AMUSE: A New Blind Identification Algorithm[C]. IEEE International Symposium on Circuits and Systems.USA,New Orleans,1990.

[60] Ziehe A,Muller K R.TDSEP-an Efficient Algorithms for Blind Separation Using Time Structure [C]. Proceedings of the International Conference on ICANN. Berlin: Springer,1998.

[61] Belouchrani A,Abed-Meraim K,Cardoso J F,et al.A Blind Source Separation Technique Using Second-Order Statistics[J].IEEE Trans. on Signal Processing,1997,45(2):434-444.

[62] Hyvärinen A.Fast and Robust Fixed-Point Algorithms for Independent Component Analysis [J].IEEE Trans. on Neural Networks,1999,10(3):626-634.

[63] 李加文.盲信号理论及在机械设备故障检测与分析中的应用研究[D].上海:上海交通大学,2006.

[64] 梅铁民.盲源信号分离时域与频域算法研究[D].大连:大连理工大学,2005.

[65] 王卫华.时间相关源信号的盲分离问题研究[D].哈尔滨:哈尔滨工程大学,2007.

[66] 张华.基于联合(块)对角化的盲分离算法的研究[D].西安:西安电子科技大学,2010.

[67] 赵丽芝.基于 ICA 和不同附加通道的结构振动信号降噪研究[D].武汉:武汉理工大学,2008.

[68] 孙战里.盲源分离算法及其应用的研究[D].合肥:中国科技大学,2005.

[69] 王卫华.盲源分离算法及应用研究[D].哈尔滨:哈尔滨工程大学,2009.

[70] 徐先峰.利用参量结构解盲源分离算法研究[D].西安:西安电子科技大学,2010.

[71] Yang H H,Amari S I,Cichocki A.Information-Theoretic Approach to Blind Separation of Sources in Non-Linear Mixture[J].Signal Processing,1998,64(3):291-300.

[72] Hesse C W,James C J.The Fastica Algorithm with Spatial Constraints[J].IEEE Trans. on Signal Processing Letters,2005,12(11):792-795.

[73] Yeredor A.Non-Orthogonal Joint Diagonalization in the Least-Squares Sense with Application in Blind Source Separation[J]. IEEE Trans. on Signal Processing, 2002, 50(7): 1545-1553.

[74] 张华,冯大政,聂卫科,等.非正交联合对角化盲源分离算法[J].西安电子科技大学学报.2008,35(1):27-31.

[75] 张伟涛,楼顺天,张延良.非对称非正交快速联合对角化算法[J].自动化学报,2010,36(6):829-836.

[76] Comon P.Independent Component Analysis, a New Concept? [J].IEEE Trans. on Signal Processing,1994,36(3):287-314.

[77] Koldovsky Z,Tichavsky P,Oja E.Efficient Variant of Algorithm Fastica for Independent

Component Analysis Attaining the Cramer-Rao Lower Bound[J].IEEE Trans. on Neural Networks.2006,17(5):1265-1277.

[78] 陈阳,何振亚.一类新的独立性度量及其在盲信号分离中的应用[J].武汉大学学报(信息科学版),2004,29(1):84-88.

[79] Lee I,Kim T,Lee T W.Fast Fixed-Point Independent Vector Analysis Algorithms for Convolutive Blind Source Separation[J].IEEE Trans. on Signal Processing,2007,87(8):1859-1871.

[80] Russell I,Xi J,Mertins A,et al.Blind Source Separation of Nonstationary Convolutively Mixed Signals in the Subband Domain[J].IEEE Trans. on Acoustics, Speech and Signal Processing,2004,5:481-484.

[81] Thi H L N,Jutten B C.Blind Source Separation for Convolutive Mixtures[J].IEEE Trans. on Signal Processing,1995,45(2):209-229.

[82] Liang J,Ding Z.Blind Mimo System Identification Based On Cumulant Subspace Decomposition[J].IEEE Trans on Signal Processing,2003,51(6):1457-1468.

[83] Belouchrani A,Cichocki A.Robust Whitening Procedure in Blind Source Separation Context[J].Electronics Letters,2000,36(24):2050-2051.

[84] Choi S,Cichocki A,Belouchrani A.Blind Separation of Second-Order Nonstationary and Temporally Colored Sources[C].Proeeedings of the 11th IEEE Signal Processing workshop on statistical Signal,Singapore,2001.

[85] Ziehe A,Laskov P,Nolte G,et al.A Fast Algorithm for Joint Diagonalization with Non-Orthogonal Transformations and its Application to Blind Source Separation[J].The Journal of Machine Learning Research,2004,5(7):801-818.

[86] Pham T D.Joint Approximate Diagonalization of Positive Definite Hermitian Matrices[J].Society for Industrial and Applied Mathematies,2001,22(4):1136-1152.

[87] Pham D T,F C J.Blind Separation of Instantaneous Mixtures of Nonstationary Sources[J].IEEE Trans. on Signal Processing,2001,49(9):1837-1848.

[88] 戚玉鹏,张朝阳,黄爱苹,等.基于非正交对角化算法的非平德信号盲分离[J].浙江大学学报(工学版),2004,38(4):433-436.

[89] 何文雪,王林,谢剑英.一种非平稳卷积混合信号的自适应盲分离算法[J].系统仿真学报,2005,17(1):196-198.

[90] Matz G,Hlawatsch F.Nonstationary Spectral Analysis Based On Time-Frequency Operator Symbols and Underspread Approximations[J].IEEE Trans. on Information Theory,2006,52(3):1067-1086.

[91] 刘琚,杜正锋,梅良模.基于 Wigner-Ville 分布的非平稳信号盲分离[J].山东大学学报(理学版),2003,38(1):73-75.

[92] 楼红伟,胡光锐.基于小波域的非平稳卷积混合语音信号的自适应盲分离[J].控制与决策,2004,19(1):73-76.

[93] 徐尚志,苏勇,叶中付.多种概率分布源的盲源分离快速算法[J].中国科学技术大学学报,2006,36(5):486-489.

[94] 付卫红,杨小牛.改进的基于步长自适应的自然梯度盲源分离算法[J].华中科技大学学报(自然科学版),2007,35(10):18-20.

[95] Macchia O, Moreau E. Adaptive Unsupervised Separation of Discrete Sources[J]. IEEE Trans. on Signal processing,1999,73(1-2):49-66.

[96] 刘建强,冯大政,周炜.基于多信道信号增强的卷积混迭语音信号盲分离的后处理方法[J].电子学报,2007,35(12):2389-2393.

[97] Ikram M Z, Morgan D R. A Beamforming Approach to Permutation Alignment for Multichannel Frequency-Domain Blind Speech Separation[C]. IEEE International Conference on Acoustics and Signal Processing (ICASSP). USA, Orlando: Institute of Electrical and Electronics Engineers Inc,2002.

[98] Sawada H, Mukai R, Araki S, et al. A Robust and Precise Method for Solving the Permutation Problem of Frequency-Domain Blind Source Separation[J]. IEEE Trans. on Speech and Audio Processing,2004,12(5):530-538.

[99] 姜卫东,陆佶人,张宏滔,等.基于相邻频点幅度相关的语音信号盲源分离[J].电路与系统学报,2005,10(3):1-4.

[100] 王卫华,黄凤岗,王桐.改进的频域盲分离排序不确定性消除算法[J].系统仿真学报,2009,21(2):496-499.

[101] Cardoso J F, Laheld B H. Equivariant Adaptive Source Separation[J]. IEEE Signal Processing,1996,44(12):3017-3030.

[102] Cochocki A, Unbehauen R. Neural Networks for Optimization and Signal Processing[M]. New York: John Wiley & Sons,1993.

[103] Choi S, Cichocki A, Beloucharni A. Second Order Nonstationary Source Separation[J]. The Journal of VLSI Signal Processing,2002,32(1-2):93-104.

[104] Gaeta M, Lacoume J L. Source Separation without a Priori Knowledge: The Maximum Likelihood Solution[C]. Proc. EUSIPCO, Spain, Barcelona,1990.

[105] Bell A J. An Information-Maximization Approach to Blind Separation and Blind Deconvolution[J]. Neural computation,1995,7(6):1129-1159.

[106] Amari S, Cichocki A, Yang H H. A New Learning Algorithm for Blind Signal Separation[J]. Advance in Neural Information Processing Systems,1996: 657-663.

[107] Cardoso J F. Infomax and Maximum Likelihood for Blind Source Separation[J]. IEEE Signal Processing Letters,1997,4(4):112-114.

[108] Cardoso J K. Infomax and Maximum Likelihood for Blind Source Separation[J]. IEEE Signal Processing Letters,1997,4(4):112-114.

[109] 赵晓燕,李宏男.一种改进的小波分析消噪方法及其在健康监测中的应用[J].振动与冲击,2007,26(10):137-140.

[110] Tse P W, Zhang J Y, Wang X J. Blind Source Separation and Blind Equalization Algorithms for Mechanical Signal Separation and Identification[J].Journal of Vibration and Control,2006,12(4):395-423.

[111] 杨燕,袁海庆,赵丽芝.独立分量分析在结构振动信号降噪中的应用[J].华中科技大学学报(城市科学版),2008,25(3):234-237.

[112] Belouchrani A,Abed-Meraim K,Cardoso F J.Second-Order Blind Separation of Temporally Correlated Sources[C].Proc. Int. Conference on Digital signal.Cyprus,1993.

[113] Molgedey L,Schuster H G.Separation of a Mixture of Independent Signals Using Time Delayed Correlations[J].Physical Review Letters,1994:3634-3637.

[114] Ziehe A,Muller K R.TDSEP-an Efficient Algorithms for Blind Separation Using Time Structure [C]. Proceedings of the International Conference on ICANN. Berlin: Springer,1998.

[115] Sun Z L,Huang D,Zheng C H,et al.Optimal Selection of Time Lags for Tdsep Based On Genetic Algorithm[J].Neurocomputing,2006,69(7-9):884-887.

[116] Ziehe A,Muller K R,Nolte G,et al.Artifact Reduction in Magnetoneurography Based On Time-Delayed Second-Order Correlations[J].IEEE Trans. on Biomedical Engineering, 2000,47(1):75-87.

[117] Ziehe A,Nolte G,Curio G,et al.OFI: Optimal Filtering Algorithms for Source Separation [C].Proceedings of the International Conference on ICA.Finland,Helsinki,2000.

[118] Rudolph G.Convergence Analysis of Canonical Genetic Algorithms[J].IEEE Transactions on Neural Networks,1994,5(1):96-101.

[119] 杨淑媛,刘芳,焦李成.一种基于量子染色体的遗传算法[J].西安电子科技大学学报,2004,31(1):76-81.

[120] Srinivas M,Patnail L M.Adaptive Probabilities of Crossover and Mutation in Genetic Algorithms[J].IEEE Trans. on System, Man and Cybern,1994,24(4):656-667.

[121] 李斌,谭立湘,邹谊,等.量子概率编码遗传算法及其应用[J].电子与信息学报,2005,27(5):805-810.

[122] 杨俊安,庄镇泉.量子遗传算法研究现状[J].计算机科学,2003,30(11):13-16.

[123] Han K H,Kim J H.Genetic Quantum Algorithm and its Application to Combinatorial Optimization Problem[C].Proceedings of the 2000 Congress on Evolutionary Computation. USA,La Jolla,2000.

[124] Han K H,Kim J H.Quantum-Inspired Evolutionary Algorithm for a Class of Combinatorial Optimization[J].IEEE Trans. on Evolutionary Computation,2002,6(6):580-593.

[125] Khorsand R A,Akbarzadeh R M.Quantum Gate Optimization in a Meta-Level Genetic Quantum Algorithm[J].IEEE trans. on Systems, Man and Cybernetics,2005,4:3055-3062.

[126] 杨俊安,李斌,庄镇泉,等.基于量子遗传算法的盲源分离算法研究[J].小型微型计

算机系统,2003,24(8):1518-1523.

[127] 王凌,吴昊,唐芳,等.混合量子遗传算法及其性能分析[J].控制与决策,2005,20(2):156-160.

[128] 王雪,王晟.现代智能信息处理实践方法[M].北京:清华大学出版社,2009.

[129] Feynman R P.Simulating Physics with Computers[J].International journal of theoretical physics,1982,26(21):467-488.

[130] Bennett C H,DiVincenzo D P.Quantum Information and Computation[J].Nature,2000,404:247-255.

[131] 徐士代.环境激励下工程结构模态参数识别[D].南京:东南大学,2006.

[132] 续秀忠,华宏星,陈兆能.基于环境激励的模态参数辨识方法综述[J].振动与冲击,2009,21(3):1-5.

[133] McNeill S I,Zimmerman D C.A Framework for Blind Modal Identification Using Joint Approximate Diagonalization[J].Mechanical Systems and Signal Processing,2008,22(7):1526-1548.

[134] 张晓丹,姚谦峰.基于盲源分离的结构模态参数识别[J].振动与冲击,2010,29(3):150-154.

[135] 付志超,程伟,徐成.基于 R_SOBI 的结构模态参数辨识方法[J].振动与冲击,2010,29(1):108-112.

[136] Kerschen G,Poncelet F,Golinval J C.Physical Interpretation of Independent Component Analysis in Structural Dynamics[J].Mechanical Systems and Signal Processing,2007,21(4):1561-1575.

[137] Poncelet F,Kerschen G,Golinval J C,et al.Output-Only Modal Analysis Using Blind Source Separation Techniques[J].Mechanical Systems and Signal Processing,2007,21(6):2335-2358.

[138] Belouchrani A,Abed-Meraim K,Cardoso J F,et al.A Blind Source Separation Technique Using Second-Order Statistics[J].IEEE Trans. on Signal Processing,1997,45(2):434-444.

[139] Yeredor A.Non-Orthogonal Joint Diagonalization in the Least-Squares Sense with Application in Blind Source Separation[J].IEEE Signal Processing,2002,50(7):1545-1553.

[140] 张华,冯大政,聂卫科,等.非正交联合对角化盲源分离算法[J].西安电子科技大学学报,2008,35(1):27-31.

[141] Li X L,Zhang X D.Nonorthogonal Joint Diagonalization Free of Degenerate Solution[J].Signal Processing, IEEE,2007,55(5):1803-1814.

[142] 张伟涛,楼顺天,张延良.非对称非正交快速联合对角化算法[J].自动化学报,2010,36(6):829-836.

[143] Zhang W, Liu N, Lou H. Joint Approximate Diagonalization Using Bilateral Rank-Reducing Householder Transform with Application in Blind Source Separation[J].Chinese

Journal of Electronics,2009,18(3):471-476.

[144] Belouchrani A,Abed-Meraim K,Cardoso J F,et al.A Blind Source Separation Technique Using Second-Order Statistics[J].IEEE Trans. on Signal Processing,1997,45(2):434-444.

[145] Cardoso J F,Souloumiac A.Blind Beamforming for Non-Gaussian Signals[J].IEEE trans. on Radar and Signal Processing,1993,140(6):362-370.

[146] Stoica P,Selen Y.Cyclic Minimizers, Majorization Techniques, and the Expectation-Maximization Algorithm: A Refresher[J].Signal Processing Magazine, IEEE,2004,21(1):112-114.

[147] 李中付,华宏星,宋汉文,等.用时域峰值法计算频率和阻尼[J].振动与冲击,2001,20(3):5-6.

[148] 贺瑞,秦权.改进的 NExT-ERA 时域模态识别法的误差分析[J].清华大学学报(自然科学版),2009,49(6):787-794.

[149] Sohn H,Farrar C R,Hemez F M,et al.A Review of Structural Health Monitoring Literature: 1996-2001[R].Los Alamos:Los Alamos National Laboratory,2004.

[150] 姜绍飞.结构健康监测-智能信息处理及应用[J].工程力学,2009,26(增刊):184-212.

[151] 段忠东,闫桂荣,欧进萍.土木工程结构振动损伤识别面临的挑战[J].哈尔滨工业大学学报,2008,40(4):505-514.

[152] Farrar R C,Keith W.An Introduction to Structural Health Monitoring[J].Philosophical Transactions of The Royal Society A,2007,365:303-315.

[153] 杨世锡,焦卫东,吴昭同.独立分量分析基网络应用于旋转机械故障特征抽取与分类[J].机械工程学报,2004,40(3):45-49.

[154] 姜绍飞,林志波.基于小波_包与 ICA 结合的结构损伤识别[J].沈阳建筑大学学报(自然科学版),2010,26(6):1027-1032.

[155] 郭明,谢磊,何宁,等.一种基于 ICA2SVM 的故障诊断方法[J].中南大学学报(自然科学版),2003,34(4):447-450.

[156] Song H Z,Zhong L,Han B.Structural Damage Detection by Integrating Independent Component Analysis and Support Vector Machine[J].International Journal of Systems Science,2006,37(13):961-967.

[157] 周治宇,陈豪.盲信号分离技术研究与算法综述[J].计算机科学,2009,36(10):16-21.

[158] 刘希玉,刘弘.人工神经网络与微粒群优化[M].北京:北京邮电大学出版社,2008.

[159] 解光军,范海秋,操礼程.一种量子神经计算网络模型[J].复旦学报(自然科学版),2004,43(5):700-703.

[160] 解光军,周典,范海秋,等.基于量子门组单元的神经网络及其应用[J].系统工程理论与实践,2005,(5):113-117.

[161] 李盼池.量子计算及其在智能优化与控制中的应用[D].哈尔滨:哈尔滨工业大学,2009.

[162] 李士勇,李盼池.量子计算与量子优化算法[M].哈尔滨:哈尔滨工业大学出版社,2009.

[163] 马宁.量子神经网络及其应用研究[D].兰州:兰州理工大学,2009.

[164] 边肇祺,张学工.模式识别[M].(2版).北京:清华大学出版社,2000.

[165] 张良均,曹晶,蒋世忠.神经网络实用教程[M].北京:机械工业出版社,2008.

[166] 李飞,郑宝玉,赵生妹.量子神经网络及其应用[J].电子与信息学报,2004,26(8):1332-1339.

[167] 李盼池.量子计算及其在智能优化与控制中的应用[D].哈尔滨:哈尔滨工业大学,2009.

[168] 田景文,高美娟.人工神经网络算法研究与应用[M].北京:北京理工大学出版社,2006.

[169] Han B,Kang L,Chen Y,et al.Improving Structure Damage Identification by Using ICA-ANN Based Sensitivity Analysis[C].ICIC2006.Berlin:Springer,2006.

[170] 白鹏,张喜斌,张斌,等.支持向量机理论及工程应用实例[M].西安:西安电子科技大学出版社,2008.

[171] 焦卫东,杨世锡,吴昭同.复合 ICA-SVM 机械状态模式分类[J].中国机械工程,2004,15(1):62-65.

[172] Lopez I,Sarigul-Klijn N.Distance Similarity Matrix Using Ensemble of Dimensional Data Reduction Techniques: Vibration and Aerocoustic Case Studies[J].Mechanical Systems and Signal Processing,2009,23(7):2287-2300.

[173] Noh H Y,Nair K K,Kiremidjian A S.Application of Time Series Based Damage Detection Algorithms to the Benchmark Experiment at the National Center for Research On Earthquake Engineering (NCREE) in Taipei, Taiwan[J].Smart Structures and Systems,2009,5(1):95-117.

[174] Rizzo P,Cammarata M,Dutta D,et al.An Unsupervised Learning Algorithm for Fatigue Crack Detection in Waveguides[J].Smart Materialsand Structures,2009,18(2):1-11.

[175] 杨叔子,吴雅,轩建平.时间序列分析的工程应用:下[M].武汉:华中科技大学出版社,2007.